エッセンシャル
統計力学

小田垣 孝 著

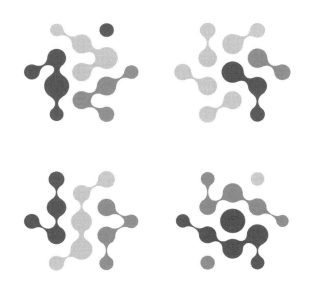

裳華房

Essential Statistical Mechanics

by

Takashi ODAGAKI, Dr. Sc.

SHOKABO

TOKYO

序　文

　物理学は自然現象を記述する普遍的な法則を与えるものであり，統計力学は，力学，電磁気学，熱力学，量子力学などと共にその一角を担う学問分野である．統計力学は，多数の原子・分子から構成される物質の性質を，その構成要素の性質から導く理論的枠組みを定式化したものであり，その手法は固体物理学，物性物理学だけでなく，多くの分野で用いられている．

　本書は，初めて統計力学を学ぶ人のために，統計力学の基本的な考え方を体系的に解説したものである．取り上げるテーマを精選し，また初心者がスモールステップで学べるように各章の順序を工夫している．統計力学を学ぶためには，熱力学および微分・積分の基本的知識が必要であるが，熱力学の基本と，よく使われる数学の公式を付録にまとめて示して，読者の便宜を図った．量子力学に関しては，すでに（あるいは並行して）学んでいることを前提としているが，実際に必要となるのはエネルギー固有状態という概念だけであり，それに関する必要な知識も付録にまとめた．また，やや高度な内容だが，ぜひ学んでほしい事柄の一部も付録としておさめた．

　統計力学は，物質の熱力学的性質を理解する上で必要となる"平衡"や"温度"等の概念を，物質を構成する分子の性質に基づいて理解するための手法として体系づけられたものである．統計力学に至る熱力学の発展をプロローグとしてまとめておいたので，ぜひ一読してから本書に取りかかっていただきたい．

　統計力学では，微視状態の数を求めるというなじみの薄い手続きが必要となるため，物理学を専攻する学生にとっても取っつきにくい科目となっている．そこで本書では，基本公式の導出をできるだけ簡明に行うとともに，初学者の直観的理解を助けるために，現象を目で見て学べる**バーチャルラボラトリー**も取り入れ，それが有効である場所には，本文中に **VL** という記号で明示した．ミクロな状態の時間変化などをインタラクティブな動画で仮想体験することにより，理解が深められるはずである．なお，バーチャルラボラトリーは，裳華

房のホームページ（http://www.shokabo.co.jp/）にあるので随時利用してほしい．

　また，章末の問題によって復習を行うことは，統計力学を理解する上で必須である．高度な内容を勉強し，さらに様々な演習問題によって理解を深めたい人は，拙著：「統計力学」（裳華房）や久保亮五 編：「大学演習 熱学・統計力学（修訂版）」（裳華房）を参照していただきたい．

　本書は，東京電機大学理工学部で7年間行った統計力学I・IIの講義ノートをベースにして教科書の形にまとめたものであるが，「統計力学」の通年の講義で教科書として用いる場合には，前期に第1章〜第4章，後期に第5章〜第8章を行い，第6章と第7章は，他の科目との関係で順序を変えてもよいかもしれない．なお，東京電機大学理工学部の安食博志教授には，本書の元原稿を用いて実際に講義を行っていただいた上で，多くの貴重なご意見をいただいた．安食教授に，この場を借りて深謝いたします．また，本書の出版に際してご助力いただいた裳華房の小野達也氏に感謝いたします．

2017年7月

小田垣　孝

目 次

プロローグ・・・・・・・・・・1

<1> 熱力学から統計力学へ

1.1 巨視的な記述と微視的な記述・5
1.2 温度の異なる2つの系の接触・6
 1.2.1 巨視的な視点・・・・・・6
 1.2.2 微視的な視点・・・・・・7
1.3 ボルツマンの関係式・・・・11
1.4 アンサンブル理論・・・・・12
問題・・・・・・・・・・・・・13

<2> ミクロカノニカルアンサンブル

2.1 等重率とエントロピー・・・16
2.2 古典理想気体の状態方程式・17
2.3 2準位系・・・・・・・・・18
問題・・・・・・・・・・・・・21

<3> カノニカルアンサンブル

3.1 熱溜に接した系・・・・・23
3.2 2準位系・・・・・・・・25
3.3 分配関数と自由エネルギー・28
3.4 古典理想気体・・・・・・31
3.5 調和振動子の集まり・・・33
 3.5.1 古典力学に従う場合・33
 3.5.2 量子力学に従う場合・・35
3.6 エネルギーのゆらぎと比熱・37
3.7 いくつかの応用例・・・・39
 3.7.1 条件付き出現確率・・・39
 3.7.2 マクスウェル分布・・・40
 3.7.3 固体-気体の相平衡・・・41
問題・・・・・・・・・・・・・43

<4> いろいろなアンサンブル

4.1 グランドカノニカルアンサンブル
 ・・・・・・・・・・・49
 4.1.1 大分配関数と $\mathcal{J}$ 関数・・49
 4.1.2 局在した粒子系・・・53
 4.1.3 古典理想気体・・・・55
 4.1.4 昇華過程への応用・・・57

4.2　T-P アンサンブル ・・・ 58
　4.2.1　T-P 分配関数とギブスの
　　　　自由エネルギー ・・・ 58
　4.2.2　古典理想気体 ・・・・ 62
　4.2.3　高分子の折れ尺モデル ・ 62
問題・・・・・・・・・・・・・65

＜5＞　ボース粒子とフェルミ粒子

5.1　ボース粒子とフェルミ粒子 ・ 72
5.2　ボース分布とフェルミ分布 ・ 76
　5.2.1　ボース分布関数 ・・・ 78
　5.2.2　フェルミ分布関数 ・・・ 79
5.3　水素分子の回転比熱 ・・・・ 80
問題・・・・・・・・・・・・・84

＜6＞　理想ボース気体

6.1　ボース粒子系の基本公式 ・・ 87
6.2　高温の極限における性質 ・・ 90
6.3　低温における振る舞いとボース-
　　　アインシュタイン凝縮 ・・ 91
6.4　空洞輻射 ・・・・・・・・・ 96
6.5　格子振動のデバイ模型 ・・・ 99
問題・・・・・・・・・・・・101

＜7＞　理想フェルミ気体

7.1　フェルミ粒子系の基本公式・ 103
7.2　絶対零度における性質・・・ 106
7.3　有限温度における性質・・・ 108
　7.3.1　一般的考察・・・・・・ 108
　7.3.2　高温および低温の極限に
　　　　おける性質・・・・ 110
問題・・・・・・・・・・・・112

＜8＞　相転移の統計力学

8.1　相転移・・・・・・・・・・114
8.2　イジング模型の相転移・・・117
　8.2.1　イジング模型・・・・・117
　8.2.2　相転移が起こる理由・・118
　8.2.3　平均場近似・・・・・・119
　8.2.4　外場がある場合の相転移
　　　　・・・・・・・・・123
　8.2.5　臨界指数・・・・・・・124
　8.2.6　平均場近似の限界・・・127
問題・・・・・・・・・・・・129

付録

付録A 熱力学のまとめ ・・・・ 132
  A.1 基本法則 ・・・・・・・ 132
  A.2 相転移の熱力学 ・・・・ 135
付録B よく使われる数学公式 ・ 136
  B.1 階乗とスターリングの公式
    ・・・・・・・・・・・ 136
  B.2 組み合わせ ・・・・・・ 138
  B.3 等比級数 ・・・・・・・ 139
  B.4 テイラー展開 ・・・・・ 139
  B.5 双曲線関数 ・・・・・・ 140
  B.6 全微分 ・・・・・・・・ 142
  B.7 n 次元球の体積 ・・・・ 143
  B.8 ガウス積分 ・・・・・・ 143
  B.9 状態密度 ・・・・・・・ 143
  B.10 平均値とゆらぎ ・・・・ 145
  B.11 ルジャンドル変換 ・・・ 145
付録C 微視状態の数とエントロピー
    ・・・・・・・・・・・ 146

付録D 古典理想気体の微視状態の数
    ・・・・・・・・・・・ 147
付録E 2原子分子の運動 ・・・ 149
付録F 量子力学のいくつかの結果
    ・・・・・・・・・・・ 150
  F.1 調和振動子 ・・・・・・ 150
  F.2 箱の中の1個の自由粒子 151
  F.3 角運動量の固有値 ・・・ 152
  F.4 多粒子系の波動関数の対称性
    ・・・・・・・・・・・ 153
付録G ボース - アインシュタイン
    積分 ・・・・・・・・ 155
付録H フェルミ - ディラック積分
    ・・・・・・・・・・・ 156
付録I 臨界現象の新しい考え方 158
  I.1 スケーリング理論 ・・・ 158
  I.2 実空間繰り込み群の方法 ・ 160
問題 ・・・・・・・・・・・・ 163

問題解答 ・・・・・・・・・・・・・・・・・・・・・・・・・ 165
索 引 ・・・・・・・・・・・・・・・・・・・・・・・・・・ 206

プロローグ

　「今日は寒いね」,「たき火の側で暖まったら」というような会話でみられるように, 寒い, 暑いの感覚は, 人間や動物が備えた皮膚感覚の1つである. 旧石器時代以来, 人類は, 火を調理や暖をとるのに用いてきたし, 摩擦熱を利用して火を熾したり, 火を用いて土器や青銅器の製作も行ってきた. また, 温泉に浸かって身体を温めるニホンザルやカピバラも知られている.

　私たちの身の回りには, 熱に関わる現象が数多く存在する. 水を冷却すると氷になり, 熱を加えると沸騰して水蒸気になる. また, ガソリンエンジン等の熱機関は, 気体が熱で膨張するときの力を利用している. そのような熱や温度に関わる現象を説明する理論的枠組みを体系的にまとめたものが**熱力学**である. ここでは, 熱力学が体系化されてきた過程と, 物質の分子論が確立する中で, 本書の主題である**統計力学**が誕生した過程を概観する.

　熱を理解しようとする試みは, ギリシャ時代に始まった. ギリシャの哲人たちは, 熱を, 自然界を形づくる重要な要素と考えていた. 例えば, アリストテレス (BC384-322) は, 火・土・水・空気を万物の構成要素と考え, それらが乾・湿と熱・冷の4つの原因の組み合わせで生じると考えた. すなわち, 火(乾+熱), 土(乾+冷), 空気(湿+熱), 水(湿+冷) である. しかしながら, 熱とは何か, あるいは熱を生じる燃焼とはどういう現象であるかが真摯に議論されるようになったのは, 近代科学が発展し始めた17世紀に入ってからのことである.

　熱い, 冷たいという感覚を定量的に表す温度計は, ガリレイによって1610年頃までにつくられた. また, 17世紀の中頃には大気圧の存在が示され, 圧力の測定法が確立したことで, ボイルにより,「温度が一定の気体の体積は圧力に反比例する」という法則が発見された (1660年). この発見は, ニュートンがプリンキピアを発表する27年も前のことである. ボイルの法則は, 近似的に正しい法則として現在も用いられている. そして18世紀に入ると, 温度の正確な定義が行われ, 18世紀の後半にはワットによる蒸気機関の発明

(1784年), シャルルの法則の発見 (1787年) などの熱力学上の重要な進歩があった.

しかしながら, まだ17～18世紀頃は, 熱や, 熱を生み出す燃焼についての理解は, 現在のものとはほど遠いものであり, 例えば熱は, 自由に他の物質の中に入り込むことができる物質の一種 "**熱素**（カロリック）" であるという考え方が支配的であった. また, 熱現象を説明するために, 熱素には温度を上げるものと温度変化を生じさせないもの（現在の "潜熱" に対応する）が存在すると仮定された. この当時はまだ熱素説に押されてはいたが, 熱を運動と結び付ける考え方も提案されていた.

一方, 熱を生じさせる燃焼は, 物体の中に含まれる "燃素（フロギストン）" がその物体から出て行くことであると考えられていた. しかし, 近代化学の父とよばれるラボアジエが定量的な実験 (1774年) を行って, 燃焼により質量が増えることを発見し, 燃焼が物質と酸素との結合であることを明らかにしたことにより, 燃焼の燃素説は否定された. ただ, ラボアジエは, まだその頃は熱の熱素説を信じており, 自然界に広くある構成要素としてその当時考えられていたように, 光, 酸素, 窒素, 水素と同列に熱素を挙げていた.

19世紀になると, 摩擦によって熱が生じることや, 物質が原子・分子でできていることが明らかになり, 熱が分子の運動と結び付けられるようになった. そして, 仕事が熱に転換されることを定量的に示したジュールの実験結果が1843年に発表された.

こうして, 17世紀のボイルの法則の発見から200年ほどの間に, カルノーの熱機関の理論などを経て, ヘルムホルツやクラウジウスによって, **熱力学第1法則（エネルギーの保存則）** および **熱力学第2法則（エントロピー増大の法則）** という熱力学の法則が整理され, 熱力学の体系がほぼ出来上がった.

その頃にはすでにドルトンの原子仮説 (1803年) が発表されており, 物質が原子・分子で構成されているという考え方が受け入れられるようになった. そこで, 物質の分子論の立場に立てば, 熱現象はどのように理解できるのかということが科学界の重要な課題となった. すなわち, アボガドロ数程度の数の運動する分子の集団を考えたときに, 分子の位置や速度という力学に基づく運動状態の情報から, 熱やエントロピーなどがどのように求められるの

容易に考えられるように，すべての分子が同じ速度をもっているはずはなく，分子の速度は分布しているはずである．したがって，分子の運動状態はどんな分布関数で記述できるのか，また分布関数から熱力学量はどのように求められるのか，平衡状態はどのように特徴づけられるのか，といったことが問題となった．その問いに答える理論的枠組みが，1860年から1902年にかけてマクスウェル，ボルツマン，ギブス，プランクらによって確立された**統計力学**である．

　例えば，ボルツマンの1877年の論文のタイトルは "Über die beziehung dem zweiten Haubtsatze der mechanischen Wärmetheorie und der Wahrscheinlichkeitsrechnung respektive den Sätzen über das Wärmegleichgewicht"（Wiener Berichte, 76: 373-435），英語訳では "On the Relationship between the Second Fundamental Theorem of the Mechanical Theory of Heat and Probability Calculations Regarding the Conditions for Thermal Equilibrium" であり，"熱の力学理論" や "確率論的な計算" という語句が使われていることに注目しておこう．

　このように，本書のテーマである "統計力学" は，物質の熱力学的性質を分子論に基づいて求める方法を体系化したものである．

　プロローグの最後に，熱力学に関する主な提唱・発見などを年表としてまとめておくことにする．

熱力学に関する主要な提唱・発見

年	研究者	提唱・発見
BC 4 世紀	アリストテレス	熱は自然現象の原因の1つ
～1610	ガリレイ	空気の膨張を用いた温度計
1620	ベーコン	熱の熱運動説
1643	トリチェリ	大気圧の存在
1660	ボイル	ボイルの法則
1687	ニュートン	プリンキピア（力学の集大成）
1697	シュタール	燃焼のフロギストン（燃素）説
1702	アモントン	体積一定のとき，圧力変化は温度変化に比例

1712	ニューコメン	蒸気を用いた揚水ポンプの発明
1720	ファーレンハイト	水銀温度計と温度の華氏目盛
1738	ベルヌーイ	圧力の分子論的理解
1743	セルシウス	温度の摂氏目盛
1774	ラボアジエ	酸化による燃焼理論
1777	ラボアジエ	熱の熱素説
1784	ワット	蒸気機関の発明
1787	シャルル	シャルルの法則
1796	ランフォード	摩擦による熱の発生
1798	トンプソン	熱の運動論
1799	デイビー	摩擦で氷を融かす
1802	ゲイリュサック	理想気体の状態方程式
1803	ドルトン	原子仮説
1821	ヘラパス	分子論による熱現象の説明
1822	ド・ラ・トゥール	気液臨界点の発見
1824	カルノー	カルノーサイクルの理論
1843	マイヤー	運動エネルギーと熱の可換性
1843	ジュール	熱の仕事当量の測定
1847	ヘルムホルツ	熱力学第1法則
1854	クラウジウス	熱力学第2法則
1856	クローニッヒ	分子論による気体の圧力
1860	マクスウェル	気体分子の速度分布
1864	マクスウェル	マクスウェル方程式（電磁気学の集大成）
1873	ファン・デル・ワールス	ファン・デル・ワールスの状態方程式
1877	ボルツマン	分布関数とエントロピーの関係
1892	ウォーターストン	気体の圧力が分子の平均2乗速度に比例
1902	ギブス	アンサンブル理論
1906	プランク	$S = k \ln W$ の表式[注]

(注：ボルツマンの議論に基づき，この表式をあからさまに書いたのはプランクである．)

<1>
熱力学から統計力学へ

　本章では，2つの系の熱的接触を巨視的に記述する熱力学と，原子・分子の描像に基づいた微視的な記述を対応させて，統計力学の基本原理となるボルツマンの原理を導く．そして，物質の巨視的な性質は，多くの微視状態の平均で与えられることから，その平均をとる上で基本となるアンサンブルの考え方について解説する．

1.1　巨視的な記述と微視的な記述

　熱や温度などに関わる現象を，私たちが通常用いるスケールで測定できる量のみを用いて巨視的に記述するのが**熱力学**である．例えば，系のエネルギー E，体積 V，粒子数 N が一定に保たれている系の平衡状態は，それらの変数の関数として与えられるエントロピー $S = S(E, V, N)$ が最大となる状態である†．すなわち，示量性の状態量である**熱力学ポテンシャル**とよばれる関数を適切な変数の関数として表した関係式（**基本関係式**とよぶ）に基づいて，平衡状態の性質や，平衡状態が変化するときの特徴を明確に記述することができる（付録 A を参照）．しかしながら，熱力学の枠組みの範囲内では，この基本関係式を導くことはできない．

　一方，よく知られているように物質を微視的にみると，莫大な数（アボガドロ定数 $6.02 \times 10^{23} \, \mathrm{mol}^{-1}$ 程度）の原子・分子や電子で構成されており，その構成要素のそれぞれの状態を用いて，系の状態を記述することができる．この記述に基づいた構成要素の情報から，熱力学の基本関係式を求める筋道を与えるのが**統計力学**である．

---

　† エントロピーを表す文字 S は，クラウジウスによって用いられ始めた．Sadi Carnot のカルノーサイクルの研究を称えて，S を用いたといわれている．

1.2 温度の異なる2つの系の接触

熱力学では,温度は $(\partial E/\partial S)_{V,N}$ で定義される(添字の V, N は,それを一定に保つの意味).温度の異なる2つの系を体積や粒子数を一定に保ちつつ接触させると,2つの系の間で熱エネルギーのやりとりが起こり,やがて平衡状態に達する.本節では,まず巨視的な立場に立ち,熱力学の観点から平衡条件を求め,ついで,微視的な立場からその平衡条件について解説する.

1.2.1 巨視的な視点

接触した2つの系の体積,粒子数をそれぞれ (V_1, N_1), (V_2, N_2) とすると,それぞれの系のエネルギー E_1, E_2 は変化するが,それらの和は常に一定(全エネルギーを $E^{(0)}$ とする)に保たれることが知られている(図 1.1).

$$E_1 + E_2 = E^{(0)} = 一定 \qquad \boxed{\textbf{VL 1}}$$

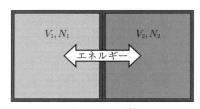

図 1.1 熱的に接触した2つの系の間では,熱としてエネルギーがやりとりされる.熱力学によれば,全体のエントロピーが最大となるようにエネルギーが配分されたところで平衡状態になり,両者の温度が等しくなる.

それぞれの系のエントロピーを $S_1(E_1, V_1, N_1)$, $S_2(E_2, V_2, N_2)$ とすると,平衡状態では,全体のエントロピー $S = S_1(E_1, V_1, N_1) + S_2(E_2, V_2, N_2)$ が E_1+E_2, V_1, N_1, V_2, N_2 が一定の下で最大となる.すなわち,E_1 および E_2 が $E_1 + E_2 = E^{(0)} = 一定$ を保ちつつ変化して,全体のエントロピーを最大にするのである.

いま,$E_1 \to E_1+dE_1$ となったときに,$E_2 \to E_2+dE_2$(ただし,$E_1+E_2=$ 一定 より $dE_1 = -dE_2$ であることに注意)とすると,エントロピーの増分は

$dS = \{S_1(E_1+dE_1, V_1, N_1) + S_2(E_2+dE_2, V_2, N_2)\} - \{S_1(E_1, V_1, N_1) + S_2(E_2, V_2, N_2)\}$ より

$$dS = \left(\frac{\partial S_1}{\partial E_1}\right)_{V_1, N_1} dE_1 + \left(\frac{\partial S_2}{\partial E_2}\right)_{V_2, N_2} dE_2$$

で与えられ，したがって平衡状態では

$$\left(\frac{\partial S}{\partial E_1}\right)_{V_1, N_1, V_2, N_2} = \left(\frac{\partial S_1}{\partial E_1}\right)_{V_1, N_1} + \left(\frac{\partial S_2}{\partial E_2}\right)_{V_2, N_2} \frac{dE_2}{dE_1} = 0$$

が成立する．ここで左辺では，dE_1 を ∂E_1 にした上で，V_1, N_1, V_2, N_2 が一定であることを示した．

付録 A.1 の表 A.2 より，エントロピーのエネルギーについての偏導関数は，絶対温度 T の逆数であるから，

$$\frac{1}{T} = \left(\frac{\partial S}{\partial E}\right)_{V,N} \tag{1.1}$$

であり，$dE_1 = -dE_2$ より $dE_2/dE_1 = -1$ に注意すれば，平衡条件として

$$\frac{1}{T_1} = \frac{1}{T_2} \tag{1.2}$$

あるいは

$$T_1 = T_2$$

が導かれる．すなわち，「それぞれの系の温度が等しいところで平衡に達する」という，よく知られた結果が得られる．

1.2.2 微視的な視点

2 つの系を接触させ，体積，粒子数を一定に保ちながらエネルギーの交換を許すとき，$t = 0$ におけるそれぞれの系のエネルギーを $E_1^{(0)}$, $E_2^{(0)}$ とすると，全エネルギー $E^{(0)} = E_1^{(0)} + E_2^{(0)}$ は 2 つの系で分配され，それぞれの系のエネルギーは時間変化しつつ，長い時間の後にはほぼ一定の値となる（図 1.2(a)）．

VL 2

このとき，決して，片方の系がすべてのエネルギーをとり，他の系のエネル

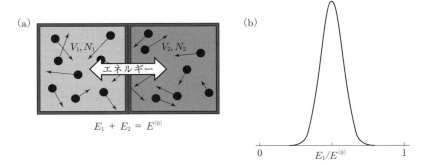

図 1.2 (a) 熱的に接触した 2 つの系の間では，各粒子は壁にぶつかってエネルギーをやりとりする． **VL 2**
(b) 全体の微視状態の数 $W(E_1, E_2)$ を，系 1 のエネルギー E_1 の全エネルギーに対する割合の関数として模式的に示す．この微視的描像では，全体として微視状態の数が最大となるようにエネルギーが配分されたところが平衡状態に相当する． **VL 3**

ギーがゼロになるようなことは起こらない．ここでは仮りに，全エネルギーが系 1 に局在した $E_1 = E^{(0)}$, $E_2 = 0$ という状態を考えてみよう．

粒子が古典力学に従うとすると，このとき系 2 の粒子は，すべて容器内のどこかに静止していなければならない．そこでごくわずかのエネルギーを系 1 から系 2 に移すと，系 2 の粒子はいろいろな運動状態をとれるようになり，とり得る可能な状態の数が格段に増加する．したがって，$E_2 = 0$ の状態に比べて，より多くの状態をとるようになるので，この状態になる確率が圧倒的に大きくなる．同様に，逆の極限 $E_1 = 0$, $E_2 = E^{(0)}$ も出現しにくい．では，どのようなエネルギーの配分が最も起こりやすいのであろうか．

全体のエネルギー $E^{(0)}$ を 2 つの系に配分すると，それぞれの系の中の分子は種々の状態をとることができる．系がとり得る様々な状態のそれぞれを**微視状態**とよぶことにすると，各時刻において，どの微視状態も同じ確率で出現すると考えられる（これを**等重率**という）．系の状態をエネルギー E, 体積 V, 粒子数 N によって巨視的に指定し，その系がとることができる微視状態の数を $W(E, V, N)$ で表すと，後で示すように，$W(E, V, N)$ は E が増加す

ると急激に大きくなる†.

上でみた 2 つの系を接触させた場合を考えてみよう．系 1 のエネルギー，体積，粒子数がそれぞれ E_1, V_1, N_1 のときの微視状態の数を $W_1(E_1, V_1, N_1)$，系 2 のエネルギー，体積，粒子数がそれぞれ E_2, V_2, N_2 のときの微視状態の数を $W_2(E_2, V_2, N_2)$ とする．全体の微視状態は，それぞれの系の微視状態の組み合わせで与えられる．したがって，全体の微視状態の数は，系 1，系 2 それぞれの微視状態の数の積で与えられるので

$$W(E_1, E_2, V_1, V_2, N_1, N_2) = W_1(E_1, V_1, N_1)\, W_2(E_2, V_2, N_2) \tag{1.3}$$

と表される．ここで，V_1, V_2, N_1, N_2 は常に一定に保たれるので，$W(E_1, E_2, V_1, V_2, N_1, N_2)$ は E_1, E_2 のみの関数であるから，簡単のために $W(E_1, E_2)$ と表すことにする．さらに $E_1 + E_2 = E^{(0)} = $ 一定 であるから，E_2 を E_1 を使って表して $W(E_1, E_2)$ は E_1 だけの関数と考えてよい（もちろん，その逆に，E_2 だけの関数と考えてもよい）．

図 1.2(b) に示すように，$W(E_1, E_2)$ は，ある E_1 のところで急激に大きくなる．したがって，実際に系を観測したとき，$W(E_1, E_2)$ が最大となるようにエネルギーが配分された状態が最も見出されやすいことになる．すなわち，$W(E_1, E_2)$ が極値をとる条件，$W(E_1, E_2)$ を E_1 で微分してゼロとなる，

$$\frac{dW(E_1, E_2)}{dE_1} = 0 \tag{1.4}$$

を満たす E_1 のところで平衡に達すると考えられる． **VL 3**

$E_2 = E^{(0)} - E_1$ が E_1 の関数であることに注意すれば，(1.4) は (1.3) の積の微分から

$$\left(\frac{\partial W_1(E_1, V_1, N_1)}{\partial E_1}\right)_{V_1, N_1} W_2(E_2, V_2, N_2)$$
$$+ W_1(E_1, V_1, N_1) \left(\frac{\partial W_2(E_2, V_2, N_2)}{\partial E_2}\right)_{V_2, N_2} \frac{dE_2}{dE_1} = 0 \tag{1.5}$$

と変形でき，$dE_2/dE_1 = -1$ を用いると

---

† W は，ドイツ語の「確率」を表す Wahrscheinlichkeit の頭文字である．

$$\frac{1}{W_1(E_1,V_1,N_1)}\left(\frac{\partial W_1(E_1,V_1,N_1)}{\partial E_1}\right)_{V_1,N_1}$$
$$=\frac{1}{W_2(E_2,V_2,N_2)}\left(\frac{\partial W_2(E_2,V_2,N_2)}{\partial E_2}\right)_{V_2,N_2} \tag{1.6}$$

となる．この式の両辺は，どちらも対数関数を微分した形になっているので，それぞれの系で

$$\beta = \left(\frac{\partial \ln W(E,V,N)}{\partial E}\right)_{V,N} \tag{1.7}$$

を定義すると，(1.6) は

$$\beta_1 = \beta_2 \tag{1.8}$$

となり，これが平衡の条件ということになる．前節の熱力学的な説明と対応させ，β は温度 T と関係づけられることがわかる．

微視状態の求め方の例

ここで，先に進む前に，微視状態の数の求め方を簡単な例を用いて示しておこう．非常に簡単な系として，系を構成する N 個の要素は同等であり，各要素はエネルギーの異なる 2 つの状態 ε_1, ε_2 のみをとれるものとする．体積はあからさまには考えなくてよい．

いま，全体で N 個のうち，状態 ε_1 にある要素数を N_1, 状態 ε_2 にある要素数を N_2 とすると，全体のエネルギー，粒子数はそれぞれ

$$E = \varepsilon_1 N_1 + \varepsilon_2 N_2 \tag{1.9}$$
$$N = N_1 + N_2 \tag{1.10}$$

で与えられる．したがって，エネルギー E と要素数 N を与えると，N_1 と N_2 が決まり，さらにどの要素が ε_1 となってもよいから，系の微視状態の数は N 個の要素から N_1 個の要素を選び出す場合の数 ${}_N\mathrm{C}_{N_1} = N!/N_1!N_2!$ で与えられ，つまり

$$W(E,N) = \frac{N!}{N_1!\,N_2!} \tag{1.11}$$

となる（付録 B.2 を参照）．

［**問**］ (1.9), (1.10) から N_1, N_2 を E, N を用いて表せ．

　　　　［答： $N_1 = (E - \varepsilon_2 N)/(\varepsilon_1 - \varepsilon_2)$, $N_2 = (\varepsilon_1 N - E)/(\varepsilon_1 - \varepsilon_2)$］

1.3 ボルツマンの関係式

物理的には，前節でみた 2 つの平衡条件，すなわち巨視的な視点に基づく (1.2) と微視的な視点に基づく (1.8) は同等でなければならない．したがって，$1/T$，β のそれぞれの定義式 (1.1)，(1.7) から

$$dS = \frac{1}{T} dE \quad \leftrightarrow \quad d\ln W = \beta \, dE \tag{1.12}$$

という対応関係が推察できる．あるいは，それぞれの辺同士を割り算すれば

$$\frac{dS}{d\ln W} = \frac{1}{\beta T} \tag{1.13}$$

という関係が成立する．ここで，この比が定数であることを要請し，その定数を k_B と表すと，

$$\frac{1}{\beta T} = k_\mathrm{B} \tag{1.14}$$

あるいは

$$\beta = \frac{1}{k_\mathrm{B} T} \tag{1.15}$$

が得られ，この k_B を**ボルツマン定数**（$k_\mathrm{B} = 1.380658 \times 10^{-23}\,\mathrm{J\cdot K^{-1}}$）とよぶ．以下でみるように，この要請が正しいことが実験で示されている．

したがって，(1.13)，(1.14) から $dS/d\ln W = k_\mathrm{B}$ となり，微視状態の数 W の対数とエントロピー S が 1 次関数で関係づけられ，

$$S = k_\mathrm{B} \ln W + S_0 \tag{1.16}$$

と表せる（付録 C を参照）．S_0 は，微視状態の数が 1 のときのエントロピー

図 1.3 ウィーン市の墓地にあるボルツマンの墓碑．上部に $S = k \log W$ と刻まれている．

であり，付録 A.1 の熱力学第3法則から $S_0 = 0$ となる．このことから，統計力学の最も基本的な関係式

$$S(E, V, N) = k_B \ln W(E, V, N) \tag{1.17}$$

が得られ，これを**ボルツマンの関係式**とよぶ．

この式は，与えられた E, V, N のもとで可能なすべての微視状態の数 W を求めれば，その対数をとることによって系のエントロピー S を E, V, N の関数として表せること，すなわち基本関係式が求められることを意味しており，統計力学の根幹をなす極めて重要な関係式となっている．

1.4 アンサンブル理論

前節でみたように，与えられた1つの巨視状態 (E, V, N) には莫大な数の微視状態が存在し，時々刻々それらの状態のどれかが出現している．系のある物理量を観測している間にも，系のとっている微視状態は時々刻々と変化しており，したがって，実際に観測される値は，それらの観測時間の間に実現される微視状態についての平均値となる．

図 1.4(a) は，いくつかの時刻において1つの系がとる状態を模式的に示したものである．理想的な十分に長い間の観測では，その間に出現したすべて

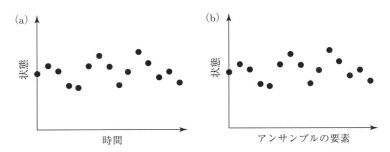

図 1.4 (a) 1つの系の状態は時間とともに変化し，そうした状態で観測される量の時間平均が観測値となる．
(b) 対象としている系と全く同じ系の集団について，ある時刻において同時に観測した量の平均値は，(a) の観測値と一致する．同じ状態 r にある系の数 $\mathcal{N}_r$ とアンサンブルにある系の数 $\mathcal{N}$ の比が，状態 r が出現する確率である．

の状態における物理量の平均値が観測されることになる．観測時間が十分に長い場合，すべての微視状態が実現すると期待される．そこで，図 1.4(b) のように，対象としている系と全く同じ系を無数に用意し，それぞれの系について同時に観測して得られる値を全体について平均した量で観測値を表すことができる．このような系の集団のことを**アンサンブル**といい，アンサンブルに関する平均値で観測値を表すという考え方を**アンサンブル理論**という．

アンサンブルの中で，状態 r が出現している系の数を $\mathcal{N}_r$，アンサンブルにある系の数を $\mathcal{N}$ とすると，$p_r = \mathcal{N}_r/\mathcal{N}$ は状態 r が出現する確率である．したがって，ある物理量の観測値 F は，その物理量が状態 r でもつ値 f_r の平均，すなわち，

$$F = \frac{1}{\mathcal{N}} \sum_r f_r \mathcal{N}_r = \sum_r f_r p_r \tag{1.18}$$

で表される．

アンサンブルの中である状態が出現する確率は，系の巨視状態に依存する．全体のエネルギー，体積，粒子数が一定に保たれた系の集団は**ミクロカノニカルアンサンブル**とよばれる．また，温度，体積，粒子数が一定に保たれた系の集団は**カノニカルアンサンブル**とよばれる．他に，温度，体積，化学ポテンシャルが一定に保たれた**グランドカノニカルアンサンブル**，温度，圧力，粒子数が一定に保たれた **T-P アンサンブル**が知られている．

以下，これらのアンサンブルについて，章を改めて解説する．

問 題

[1] 系 1 のエントロピーは $S_1 = k_B N_1 \ln(E_1/V_1)$，系 2 のエントロピーは $S_2 = 2k_B N_2 \ln(E_2/2V_2)$ であり，最初，系 1，系 2 のエネルギーはそれぞれ $E_1^{(0)}$，$E_2^{(0)}$ であったとする．2 つの系の粒子数，体積を一定に保って，熱的に接触させる．平衡状態に達したときの温度およびそれぞれの系のエネルギーを求めよ．

[2] サッカー-テトロードの式とよばれる

$$S = N k_B \ln \frac{V}{N} + \frac{3}{2} N k_B \left\{ \frac{5}{3} + \ln\left(\frac{2\pi m k_B T}{h^2}\right) \right\}$$

は，N 個の分子（質量 m）からなる系のエントロピーを，体積 V，粒子数 N，温

度 T の関数として与えるものである．

　温度を一定に保って，体積 V_1 の容器に入った N_1 個の分子からなる気体と体積 V_2 の容器に入った N_2 個の分子からなる気体とを接触させて混合する（体積は $V_1 + V_2$ になる）．

　(1)　容器 1 と容器 2 の分子が同じ種類の場合の混合のエントロピーを求めよ．

　(2)　容器 1 と容器 2 の分子が異なった種類の場合の混合のエントロピーを求めよ．

　(3)　1 気圧 300 K の状態の N_2（4 mol）と 1 気圧 300 K の状態の O_2（1 mol）を混合したときの混合のエントロピーを求めよ．

[**3**]　微視状態の数が

$$W_1(E_1, V_1, N_1) = a(E_1 V_1)^{N_1}, \qquad W_2(E_2, V_2, N_2) = b(E_2 V_2)^{N_2}$$

で与えられる 2 つの系があり，最初，系 1，系 2 のエネルギーはそれぞれ $E_1^{(0)}$, $E_2^{(0)}$ であった．これらの系を熱的に接触させたときの平衡条件を (1.8) より求め，平衡状態におけるそれぞれの系のエネルギーを求めよ．

[**4**]　2 つの系を接触させ，エネルギーおよび体積を 2 つの系の間でやりとりさせる．それぞれの系の粒子数は一定に保たれている．

　(1)　巨視的な視点に基づくと，平衡条件が

$$\frac{1}{T_1} = \frac{1}{T_2}, \qquad \frac{P_1}{T_1} = \frac{P_2}{T_2}$$

で与えられることを示せ．

　(2)　微視的な視点に基づくと，平衡条件が

$$\left(\frac{\partial \ln W_1}{\partial E_1}\right)_{V_1, N_1} = \left(\frac{\partial \ln W_2}{\partial E_2}\right)_{V_2, N_2}$$

$$\left(\frac{\partial \ln W_1}{\partial V_1}\right)_{E_1, N_1} = \left(\frac{\partial \ln W_2}{\partial V_2}\right)_{E_2, N_2}$$

で与えられることを示せ．

　(3)　(1) と (2) の 2 つの視点による平衡条件が同じものであることから，エントロピーと微視状態の数に $S = k_B \ln W$ という対応関係があることを示せ．

[**5**]　2 つのエネルギー 0, ε のみをとることができる N 個の要素からなる系がある．エネルギーが E のときの微視状態の数を，E, N を用いて表せ．

[**6**]　ε (> 0) の整数倍 $n\varepsilon$ ($n = 0, 1, 2, 3, \cdots$) の状態をとることができる N 個の要素からなる系がある．系 i の状態を $n_i \varepsilon$ とすると，系のエネルギーが $E = M\varepsilon$

のとき，$M = n_1 + n_2 + n_3 + \cdots + n_N$ が成り立つ．この系のエネルギー E と要素数 N を与えたとき，微視状態の数 $W(E, N)$ を求めよ．[ヒント：M 個の ε を，N 個の要素に重複を許して配分する場合の数を求める．]

<2>
ミクロカノニカルアンサンブル

　外界から完全に遮断された閉じた系では，エネルギー，体積，粒子数は一定に保たれ，系は最終的にエントロピーが最大となる状態になる．閉じた系の集団を**ミクロカノニカルアンサンブル**という．本章では，このアンサンブルを用いて，古典理想気体と 2 準位系の熱力学的性質を導く．

2.1 等重率とエントロピー

　ミクロカノニカルアンサンブルの中の系は，与えられたエネルギー E，体積 V，粒子数 N のもとで，様々な微視状態を実現している．この条件のもとで系がとることができる微視状態の数を $W(E,V,N)$ とすると，等重率に従って 1 つの状態 r が出現する確率 p_r は

$$p_r = \frac{1}{W(E,V,N)} \tag{2.1}$$

で与えられる．微視状態の数は，1 を全状態について加えた量 $W(E,V,N) = \sum_r 1$ である．ボルツマンは，状態 r のもつ物理量 $-k_\mathrm{B} \ln p_r$ の平均値でエントロピーが与えられることを示した．すなわち，

$$S = -k_\mathrm{B} \sum_r p_r \ln p_r \tag{2.2}$$

である．

　1 つの微視状態が出現する確率 p_r は，状態 r に依存せず一定であり，$\sum_r 1 = W(E,V,N)$ に注意すれば

$$\sum_r p_r \ln\left\{\frac{1}{W(E,V,N)}\right\} = \frac{\ln\left\{\dfrac{1}{W(E,V,N)}\right\}\left(\sum_r 1\right)}{W(E,V,N)}$$

$$= \ln\left\{\frac{1}{W(E,V,N)}\right\}$$

となるので，エントロピーは

$$S = -k_B \ln\{W(E,V,N)\}^{-1} = k_B \ln W(E,V,N) \qquad (2.3)$$

となって，ボルツマンの関係式 (1.17) に帰着する†．

なお，(2.2) においてボルツマン定数 k_B を除いた量 $-\sum_r p_r \ln p_r$ は，情報理論において，平均情報量を与える尺度として用いられており，**シャノンのエントロピー**とよばれている．

2.2 古典理想気体の状態方程式

3次元空間内にある体積 V の容器に入れられた N 個の古典粒子系（古典とはニュートン力学に従うという意味）を考え，粒子が様々な位置を占めることから生じる微視状態の数を求める．理想気体では他の粒子との相互作用が全くないと考えるので，すべての粒子は容器内のどこにでも行くことができる．また，各粒子の位置は，その粒子のもつ運動量とは独立に決められるので，その微視状態の数は体積 V の大きさに比例するはずである．

したがって，N 個の粒子が存在する系全体の微視状態の数 $W(E,V,N)$ は
$\overbrace{V \times V \times V \times \cdots \times V}^{N\text{個}}$ に比例するので（図 2.1）

$$W(E,V,N) \propto V^N \qquad (2.4)$$

と見積もることができ，ボルツマンの関係式 (1.17) を用いるとエントロピーが

---

† ボルツマンは，

$$-\sum_r p_r \ln p_r$$

を状態の**可換性測度**とよび，この量がエントロピーと関係していることを発見した．また，ギブスは，確率指数とよばれる $\ln p_r$ の平均の $-k_B$ 倍でエントロピーが与えられると考えた．

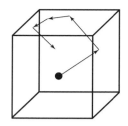

図 2.1 体積 V の容器に閉じ込められた 1 個の粒子がとり得る微視状態の数は体積 V に比例し,粒子間の相互作用がなければ,N 個の粒子の系の微視状態の数は V^N に比例する.

$$S = Nk_B \ln V + (V に依存しない項) \tag{2.5}$$

の体積依存性をもつことが示される.

熱力学の公式 $(\partial S/\partial V)_{E,N} = P/T$ を (2.5) に用いると

$$\frac{P}{T} = \frac{Nk_B}{V}$$

となり,よく知られた理想気体の状態方程式

$$PV = Nk_B T \tag{2.6}$$

が導かれる.つまり,理想気体の状態方程式は,気体分子が自由に容器内を動き回れるということから導かれるのである.

2.3 2 準位系

ミクロカノニカルアンサンブルの別の具体例として,1.2 節でみた 2 準位系を考えよう.系を構成する各要素が,他のものとは独立に $\varepsilon, -\varepsilon\ (\varepsilon > 0)$ のどちらかのエネルギーの状態をとるものとする (図 2.2).まず,与えられたエネルギー E と要素数 N のもとで可能な微視状態の数を求める.エネルギーが状態 ε にある要素数を N_1,状態 $-\varepsilon$ にある要素数を N_2 とすると,全要素数が N であるから

$$N = N_1 + N_2 \tag{2.7}$$

であり,また全エネルギーが E で

図 2.2 各要素が ε と $-\varepsilon$ のどちらかのエネルギー状態をとる 2 準位系

あるから
$$E = N_1\varepsilon + N_2(-\varepsilon) = \varepsilon(N_1 - N_2) \tag{2.8}$$
が成立する．この条件が満たされる範囲であれば，どの要素が ε となってもよいから，1.2 節でみたように系の微視状態の数は，N 個の要素から ε の状態にある N_1 個の要素を選び出す場合の数（残りの $N_2 = N - N_1$ 個の要素は $-\varepsilon$ の状態にある），つまり，
$$W(E, N) = {}_N\mathrm{C}_{N_1} = \frac{N!}{N_1!\,N_2!} \tag{2.9}$$
で与えられる．

したがって，ボルツマンの関係式 (1.17) から，エントロピーは
$$S = k_\mathrm{B} \ln \frac{N!}{N_1!\,N_2!} = k_\mathrm{B}(N\ln N - N_1\ln N_1 - N_2\ln N_2) \tag{2.10}$$
で与えられる．ここで，スターリングの公式 $\ln N! \simeq N\ln N - N$ を用いた（付録 B.1 を参照）．

(2.7), (2.8) を用いて N_1, N_2 を E, N で表すと
$$N_1 = \frac{1}{2}\left(N + \frac{E}{\varepsilon}\right), \qquad N_2 = \frac{1}{2}\left(N - \frac{E}{\varepsilon}\right)$$
であるから，(2.10) は少し変形して
$$S = -k_\mathrm{B} N \left\{ \frac{1}{2}\left(1 + \frac{E}{N\varepsilon}\right) \ln \frac{1}{2}\left(1 + \frac{E}{N\varepsilon}\right) \right.$$
$$\left. + \frac{1}{2}\left(1 - \frac{E}{N\varepsilon}\right) \ln \frac{1}{2}\left(1 - \frac{E}{N\varepsilon}\right) \right\} \tag{2.11}$$
となる．なお，E の最小値はすべての要素がエネルギー $-\varepsilon$ の状態のときの $-N\varepsilon$ であり，1 つの要素がエネルギー ε の状態になるごとに E は $\varepsilon - (-\varepsilon) = 2\varepsilon$ だけ増加し，すべての要素がエネルギー ε の状態のときに最大値 $N\varepsilon$ となるが，N が十分大きいときは，E を連続変数と考えてよい．図 2.3 に，エントロピーのエネルギー依存性を示す．

これより，いろいろな熱力学量を求めることができる．例えば，熱力学の公式 $1/T = (\partial S/\partial E)_N$ を用いると，温度の逆数 $1/T$ は

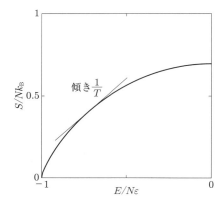

図 2.3 2 準位系のエントロピーのエネルギー依存性. 接線の傾きが温度の逆数を表す.

$$\frac{1}{T} = \left(\frac{\partial S}{\partial E}\right)_N = -\frac{k_B}{2\varepsilon}\left\{\ln\frac{1}{2}\left(1+\frac{E}{N\varepsilon}\right) - \ln\frac{1}{2}\left(1-\frac{E}{N\varepsilon}\right)\right\} \tag{2.12}$$

で与えられ，これは，図 2.3 の接線の傾きを表す．図より，最もエネルギーの低い $E/N\varepsilon = -1$ の状態では $1/T = \infty$，すなわち $T = 0$ である．また，$E = 0$ の状態では接線の傾き $1/T = 0$，すなわち $T = \infty$ である．なお，$E > 0$ の状態は，平衡状態では出現しない．

(2.12) を E について解くと

$$E = -N\varepsilon \tanh\frac{\varepsilon}{k_B T} \tag{2.13}$$

を得る．図 2.3 に示すように，E が変化すると S は変化し，また接線の傾き $1/T$，つまり T が変化する．このエネルギーの温度依存性を示すのが (2.13) であり，この式を T で微分すると，熱力学の公式 $C_V = (\partial E/\partial T)_V$ より，定積（ミクロカノニカルアンサンブルでは体積 V が一定）比熱が求められる．

$$C_V = Nk_B\left(\frac{\varepsilon}{k_B T}\right)^2 \text{sech}^2 \frac{\varepsilon}{k_B T} \tag{2.14}$$

図 2.4 は，エネルギーと定積比熱の温度依存性を示したものである．図 2.4(b) からわかるように，定積比熱は低温，高温のいずれの極限でもゼロとなり，ある有限の温度で極大となる．1 個の要素を励起するためには，最

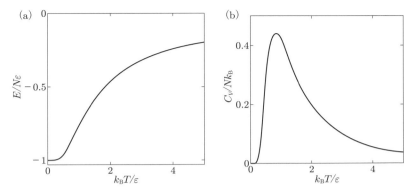

図 2.4 2 準位系のエネルギー (a) および定積比熱の温度依存性 (b). この定積比熱はショットキー型比熱とよばれる.

低 2ε のエネルギーが必要であり,低温では励起できなくなるので定積比熱がゼロとなる.また高温の極限では,ε と $-\varepsilon$ の状態にある要素の数は等しく,エネルギーを与えても状態の変化がなく,温度も変化しないので,定積比熱がゼロとなる.定積比熱が極大となるところは,エネルギーの温度依存性が最も急激に変化しているところであり,このような定積比熱は**ショットキー型比熱**とよばれる.

問題

[1] 半径 r の球状の分子が体積 V の容器に入っている.分子は大きさがあり,互いに重なり合わないこと以外は理想気体のように振る舞う.

(1) 1 つの分子の排除体積(1 つの分子が他の分子を入り込ませない領域の大きさ)v が,分子の体積の 8 倍であることを示せ.

(2) 微視状態の数が

$$W(E,V,N) \propto \prod_{k=0}^{N-1}(V-kv)$$

で与えられることを示せ.ここで $\prod$ は,直積を表す数学記号であり,また,排除体積の重なりおよび分子と容器の壁との相互作用は無視できるものとする.

(3) $\partial S/\partial V = P/T$ から,N 個の分子の総体積の 4 倍を $b\,(= 4 \cdot N \cdot 4\pi r^3/3 =$

$Nv/2$) として,状態方程式が

$$P(V-b) = Nk_{\mathrm{B}}T$$

と表されることを示せ.ただし,$v/V \ll 1$, $N \gg 1$ と仮定し,$(1-x)^\alpha \sim 1-\alpha x$ ($x \ll 1$) の近似式を用いてよい.

[**2**] 2 準位系のエネルギーと定積比熱の温度依存性を,計算機のソフトを用いてできるだけ正確に図示せよ.

[**3**] エネルギー 0 の基底状態とエネルギー ε ($\varepsilon > 0$) の励起状態をとることができる要素が N 個集まった系がある.

(1) 微視状態の数を,系のエネルギー E と要素数 N の関数として求めよ.

(2) エントロピーを E, N の関数として表せ.

(3) 励起している粒子数を N_1 としたとき,励起している要素の割合 N_1/N の温度依存性を求め,その振る舞いの物理的意味を図を用いて説明せよ.

(4) 定積比熱を求め,その温度依存性を図示せよ.また,その温度依存性の特徴を考察せよ.

[**4**] 各要素が 0, ε ($\varepsilon > 0$) の 2 つのエネルギー状態をとる系がある.N 個の要素がある系において,ε が $\varepsilon = a(N/V)^\gamma$ (a, γ は正の定数) のように体積 V に依存するとき,系の圧力の温度依存性を求めよ.

[**5**] エネルギー固有値が $n\hbar\omega$ (n は量子数で $n = 0, 1, 2, \cdots$,$\hbar$ はプランク定数,ω は角振動数) で与えられる振動子を**プランク振動子**とよぶ.ここでは,独立な N 個のプランク振動子からなる系を考える(第 1 章の問題 [6] を参照).

(1) 系のエネルギー E が $M\hbar\omega$ (M は整数) である場合を考える.振動子 i の量子数を n_i とすると,$M = n_1 + n_2 + \cdots + n_N$ が満たされる.系の微視状態の数 $W(E,N)$ が,M 個の "1" を N 個の箱(振動子)に配分する場合の数で与えられることを説明し,

$$W(E,N) = \frac{(M+N-1)!}{M!\,(N-1)!}$$

で与えられることを示せ.

(2) エントロピーを E, N の関数として表せ.ただし,$N \gg 1$ とする.

(3) 温度 T と E の関係を求めよ.

(4) E を T の関数として表し,E の温度依存性を図示せよ.

(5) 定積比熱 C_V を T の関数として表し,C_V の温度依存性を図示せよ.

<3>
カノニカルアンサンブル

　一般に,温度が一定に保たれた系を扱うことは多く,そのような場合には温度を独立変数とした取り扱いが必要となる.系の温度を一定に保つためには,系を熱溜に接触させる.熱溜とは,対象とする系より遙かに大きく,エネルギーのやりとりをしても,生じる影響が無視できるような系である.このとき,系の巨視的状態は温度 T,体積 V,粒子数 N によって指定され,系のエネルギーはもはや一定ではなく,時々刻々と変化することになる.第2章で考えたのと同様に,この系の無数の集まりを考え,すべて同じ熱溜に接しているものとした集団のことを**カノニカルアンサンブル**とよぶ.本章では,カノニカルアンサンブルに基づく統計力学の定式化について解説する.

3.1　熱溜に接した系

　熱溜も1つの系であるから,ある系が熱溜と熱的な接触を行うという状況は,第1章で述べた2つの系の熱的な接触と同じである.唯一の違いは,熱溜に属する粒子の数が莫大であり,したがって,熱溜のもつエネルギーや微視状態の数が,接触させる系のそれらに比べて圧倒的に大きいということである(図 3.1(a)).

　1.4節で述べたように,アンサンブル理論では,アンサンブルの中で1つの系がある状態 r をとる確率を p_r とすると,物理量 f_r の測定値 F がアンサンブルについての平均

$$F = \frac{1}{N} \sum_r f_r N_r = \sum_r f_r p_r \tag{3.1}$$

で与えられるという考え方に立つ.したがって,熱溜に接した系のアンサンブルにおいても,確率 p_r を求めることが重要な課題となる(図 3.1(b)).

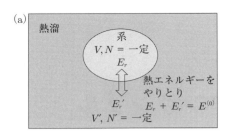 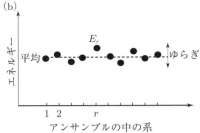

図 3.1 (a) 熱溜に接した系は，熱溜との間でエネルギーをやりとりする．
(b) 熱溜に接した系のアンサンブル．アンサンブルの各系のエネルギーはそれぞれ異なっており，その平均値が熱力学的に観測されるエネルギーである．エネルギーのゆらぎは比熱と関係づけられる（3.6 節を参照）．

いま，系が状態 r にあるときの系のエネルギーを E_r としよう．このときの熱溜のエネルギーを E'_r とすると，E_r，E'_r は $E_r + E'_r = E^{(0)} = $ 一定（$E^{(0)}$ は全体のエネルギー）を保ちながら変化する．系のエネルギーがある値をとる確率は，その場合に熱溜と系がとりうる微視状態の数で決まる．熱溜と系の微視状態の数をそれぞれ $W'(E'_r, V', N')$，$W(E_r, V, N)$ とすると，第 1 章の (1.3) に従って，

$$p_r \propto W'(E^{(0)} - E_r, V', N')\,W(E_r, V, N) \tag{3.2}$$

と考えることができる．ただし，熱溜は十分大きな系であり，$|E_r/E^{(0)}| \ll 1$, $W(E_r, V, N) \ll W'(E'_r, V', N')$ が成立する．

$\ln W'(E^{(0)} - E_r, V', N')$ に対して $\ln W(E_r, V, N)$ を無視し，さらに $\ln W'(E^{(0)} - E_r, V', N') = \ln W'(E^{(0)}(1 - E_r/E^{(0)}), V', N')$ と変形して微小な量 $E_r/E^{(0)}$ について展開すると

$$\ln p_r \simeq \ln W'(E^{(0)}) - \left.\frac{\partial \ln W'(E'_r)}{\partial E'_r}\right|_{E'_r = E^{(0)}} E_r \tag{3.3}$$

を得る（付録 B.4 を参照）．

一方，熱溜のエントロピーを S'，温度を T とすると

$$\left.\frac{\partial \ln W'(E'_r)}{\partial E'_r}\right|_{E'_r = E^{(0)}} = \frac{1}{k_B}\left.\frac{\partial S'}{\partial E'_r}\right|_{E'_r = E^{(0)}} = \frac{1}{k_B T} \tag{3.4}$$

であるから，(3.3) の展開式は

$$\ln p_r \simeq \ln W'(E^{(0)}) - \frac{E_r}{k_\mathrm{B} T} \tag{3.5}$$

と表せる．すなわち，状態 r が出現する確率は，$\ln W'(E^{(0)})$ が定数であるから

$$p_r \propto \exp\left(-\frac{E_r}{k_\mathrm{B} T}\right) \tag{3.6}$$

となり，$\sum_r p_r = 1$ を満たすように確率を規格化して比例定数を定めると，最終的に

$$p_r = \frac{\exp\left(-\dfrac{E_r}{k_\mathrm{B} T}\right)}{\sum_r \exp\left(-\dfrac{E_r}{k_\mathrm{B} T}\right)} \tag{3.7}$$

を得る．ここで現れる $\exp\left(-\frac{E_r}{k_\mathrm{B} T}\right)$ を**ボルツマン因子**という．

3.2 2準位系

2.3 節で考察した 2 準位系が温度 T の熱溜に接している場合を考えよう．1 つの要素は，エネルギー ε の状態または $-\varepsilon$ の状態のどちらかの状態のみをとる．したがって，この要素が ε および $-\varepsilon$ の状態にある確率 p_ε，$p_{-\varepsilon}$ は，(3.7) よりそれぞれ

$$p_\varepsilon = \frac{\exp\left(-\dfrac{\varepsilon}{k_\mathrm{B} T}\right)}{\exp\left(-\dfrac{\varepsilon}{k_\mathrm{B} T}\right) + \exp\left(\dfrac{\varepsilon}{k_\mathrm{B} T}\right)}, \quad p_{-\varepsilon} = \frac{\exp\left(\dfrac{\varepsilon}{k_\mathrm{B} T}\right)}{\exp\left(-\dfrac{\varepsilon}{k_\mathrm{B} T}\right) + \exp\left(\dfrac{\varepsilon}{k_\mathrm{B} T}\right)} \tag{3.8}$$

で与えられる．これより，この要素のエネルギーの平均値は

$$\langle E \rangle = \varepsilon p_\varepsilon + (-\varepsilon) p_{-\varepsilon} = \varepsilon \frac{\exp\left(-\dfrac{\varepsilon}{k_\mathrm{B} T}\right) - \exp\left(\dfrac{\varepsilon}{k_\mathrm{B} T}\right)}{\exp\left(-\dfrac{\varepsilon}{k_\mathrm{B} T}\right) + \exp\left(\dfrac{\varepsilon}{k_\mathrm{B} T}\right)} = -\varepsilon \tanh \frac{\varepsilon}{k_\mathrm{B} T} \tag{3.9}$$

で与えられ，第 2 章で得た結果 (2.13) で $N=1$ とおいた式と一致する．ここで，$\langle\ \rangle$ は平均を表す記号で，$\langle E\rangle$ は熱力学で考えるエネルギー E に一致する．

VL 4

N 個の要素の系では，1 つの微視状態 r は ε と $-\varepsilon$ それぞれの状態にある要素の数 N_1 と $N_2\ (=N-N_1)$ で特徴づけられ，そのエネルギー E_r は

$$E_r = \varepsilon(N_1 - N_2)$$

で与えられるから，状態 r が出現する確率は，ボルツマン因子

$$\exp\left\{-\frac{\varepsilon(N_1-N_2)}{k_{\mathrm{B}}T}\right\}$$

に比例する．比例定数は，(3.7) のように，出現する確率の規格化から決めることができる．

N 個の要素のうち，どの要素が ε になってもよいので，同じエネルギーをもつ状態が (1.11) でみたとおり $N!/N_1!N_2!$ 個存在することに注意すると，状態 r が出現する確率は (3.7) より

$$p_r = \frac{\exp\left\{-\dfrac{\varepsilon(N_1-N_2)}{k_{\mathrm{B}}T}\right\}}{\displaystyle\sum_{N_1=0}^{N}\frac{N!}{N_1!\,N_2!}\exp\left\{-\dfrac{\varepsilon(N_1-N_2)}{k_{\mathrm{B}}T}\right\}} \tag{3.10}$$

で与えられる．この式の分母は二項定理（付録 B.2 の (B.11) を参照）を用いて

$$\begin{aligned}
&\sum_{N_1=0}^{N}\frac{N!}{N_1!\,N_2!}\exp\left\{-\frac{\varepsilon(N_1-N_2)}{k_{\mathrm{B}}T}\right\}\\
&=\sum_{N_1=0}^{N}\frac{N!}{N_1!N_2!}\left\{\exp\left(-\frac{\varepsilon}{k_{\mathrm{B}}T}\right)\right\}^{N_1}\left\{\exp\left(\frac{\varepsilon}{k_{\mathrm{B}}T}\right)\right\}^{N_2}\\
&=\left\{\exp\left(-\frac{\varepsilon}{k_{\mathrm{B}}T}\right)+\exp\left(\frac{\varepsilon}{k_{\mathrm{B}}T}\right)\right\}^{N}
\end{aligned} \tag{3.11}$$

と表される．この量は，次節で説明する**分配関数**とよばれる量である．

熱溜に接した 2 準位系のエネルギーの平均値は，$\beta=1/k_{\mathrm{B}}T$ を用いて表記を簡略化すると，(3.1) より

$$\langle E \rangle = \sum_{N_1=0}^{N} \varepsilon(N_1 - N_2) \frac{\dfrac{N!}{N_1!\,N_2!} e^{-\beta\varepsilon(N_1-N_2)}}{\displaystyle\sum_{N_1=0}^{N} \frac{N!}{N_1!\,N_2!} e^{-\beta\varepsilon(N_1-N_2)}}$$

$$= -\frac{\dfrac{\partial}{\partial\beta}\displaystyle\sum_{N_1=0}^{N}\frac{N!}{N_1!\,N_2!}e^{-\beta\varepsilon(N_1-N_2)}}{\displaystyle\sum_{N_1=0}^{N}\frac{N!}{N_1!\,N_2!}e^{-\beta\varepsilon(N_1-N_2)}} = -\frac{\partial}{\partial\beta}\ln\left(e^{-\beta\varepsilon}+e^{\beta\varepsilon}\right)^N$$

$$= -N\varepsilon\tanh(\beta\varepsilon) \tag{3.12}$$

となり，(2.13) と一致する．

2 準位系の例と負の温度

このような2準位系は，磁場中に置かれた $S=1/2$ のスピンの磁気モーメントで実現される．実際，スピンのもつ磁気モーメントを $\bar{\mu}$ とし，これを磁場 $\boldsymbol{H}$ の中に置くと，磁場の向きか磁場と反対の向きかのどちらかの状態をとり，スピンの各状態のエネルギーは $\mp\bar{\mu}H$ で与えられる．すなわち，エネルギー準位のエネルギーの符号を外部の磁場によって変えることができる．

例えば，磁場 H の下でこのスピンの系が平衡状態にあるとき，磁気モーメントが磁場の向きを向く確率 $p_\uparrow$ と反対の向きを向く確率 $p_\downarrow$ の比は，(3.8) より

$$\frac{p_\uparrow}{p_\downarrow} = \exp\left(\frac{2\bar{\mu}H}{k_\mathrm{B}T}\right) \tag{3.13}$$

で与えられる．そして，ある時刻において，磁場を瞬間的に反転させて $-H$ にしても，$p_\uparrow/p_\downarrow > 1$ すなわち $p_\uparrow > p_\downarrow$ の状態に留まり，磁場を反転させた瞬間はエネルギーが高い状態にいる要素の方が多く存在することになる．平衡状態では，ボルツマン因子によりエネルギーの低い状態の方が出現しやすいが，エネルギーの高い状態の方が多く出現している状態では平衡状態の分布と逆転していることになり，この分布のことを**反転分布**という．

分布の反転現象は，上式で

$$\exp\left(\frac{-2\bar{\mu}H}{-k_\mathrm{B}T}\right)$$

と表すとわかるように,「$-H$ の磁場のもとで,**温度が負になっている**」と考えることができる.存在割合が正常な平衡状態の値に変化していくまでにかかる時間が長いと,反転現象,すなわち負の温度を実験で観測することができる[†].実際,(3.13) から**有効温度**(現象を説明するのに用いられる温度で,熱溜の温度と異なることもある)を

$$T_{\text{eff}} = \frac{1}{k_{\text{B}}} \frac{2\bar{\mu}H}{\ln \frac{p_\uparrow}{p_\downarrow}} \tag{3.14}$$

によって定義することができる.図 3.2 に示すように,$H < 0$ のときに $p_\uparrow/p_\downarrow > 1$ であれば,$T_{\text{eff}} < 0$ となる.

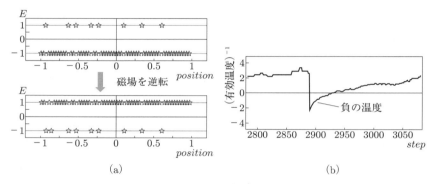

図 3.2 (a) 2 準位系のエネルギーが瞬間的に逆転すると,エネルギーの高い状態に多くの要素が存在する反転分布となる.
(b) 平衡状態に戻るまでにかかる時間が長いと,負の有効温度が観測される.　　　　　　　　　　　　　　　　　　　　　　VL 4

3.3 分配関数と自由エネルギー

温度 T の熱溜に接した系がエネルギー E_r の状態にある確率の表式 (3.7) の分母の量を**分配関数**といい,$Z(T,V,N)$ で表す.

$$Z(T,V,N) = \sum_r \exp\left(-\frac{E_r}{k_{\text{B}}T}\right) \tag{3.15}$$

---

† E. M. Purcell and R. V. Pound: Phys. Rev. **81** (1951) 279.
N. F. Ramsey: Phys. Rev. **103** (1956) 20.

3.3 分配関数と自由エネルギー

第 2 章のミクロカノニカルアンサンブルでは，1 をすべての状態について加えた量 $W = \sum_r 1$ が微視状態の数を表したが，分配関数は，この 1 をボルツマン因子で置き換えたものと理解できる．例えば，前節で求めた (3.11) の量が分配関数である．一般に，E_r は体積，粒子数の関数であるから，分配関数は温度 T だけでなく，体積，粒子数にも依存する．

分配関数は，統計力学において極めて重要な役割をする．分配関数の意味を探るために，エントロピーの定義 (2.2) が任意の確率分布に対しても成り立つものとして，エントロピーを求めると

$$S = -k_B \sum_r p_r \ln p_r = -\sum_r p_r \left\{ -\frac{E_r}{T} - k_B \ln Z(T,V,N) \right\} \tag{3.16}$$

を得る．右辺第 1 項の $\sum_r p_r E_r$ は系のエネルギーの平均値 $\langle E \rangle$ を表すから

$$S = \frac{\langle E \rangle + k_B T \ln Z(T,V,N)}{T} \tag{3.17}$$

と書くことができる．一方，熱力学によると付録 A.1 の (A.5) で示すように，エントロピーはヘルムホルツの自由エネルギー A と

$$S = \frac{\langle E \rangle - A}{T} \tag{3.18}$$

という関係にある．

(3.17) と (3.18) を比べることにより，

$$A(T,V,N) = -k_B T \ln Z(T,V,N) \tag{3.19}$$

という対応関係が導かれる[†]．すなわち，分配関数 (3.15) が求まれば，(3.19)

[†] 付録 A.1 の表 A.2 に示したマシュー関数 Ψ は

$$\Psi = S - \frac{\langle E \rangle}{T}$$

であるから，分配関数は

$$\Psi = k_B \ln Z(T,V,N)$$

によってマシュー関数と関係づけられる．この対応関係はボルツマンの関係式 $S = k_B \ln W$ と同じ形をしていることがわかる．

によってヘルムホルツの自由エネルギーが求まり，それから熱力学の公式を用いて，あらゆる熱力学量を決定することができる．

例えば，エントロピー S，圧力 P，化学ポテンシャル μ はそれぞれ

$$S = -\left(\frac{\partial A}{\partial T}\right)_{V,N} \tag{3.20}$$

$$P = -\left(\frac{\partial A}{\partial V}\right)_{T,N} \tag{3.21}$$

$$\mu = \left(\frac{\partial A}{\partial N}\right)_{T,V} \tag{3.22}$$

で与えられる．また，エネルギー[†]は，$E = A + TS$ から求まるが，

$$E = -T^2 \left(\frac{\partial}{\partial T}\left(\frac{A}{T}\right)\right)_{V,N} = k_B T^2 \frac{\partial}{\partial T} \ln Z = -\frac{\partial}{\partial \beta} \ln Z \tag{3.23}$$

から求めてもよい．ただし，$\beta = 1/k_B T$ である．この式からわかるように，分配関数を β の関数として求めると，計算が簡単になることが多い．

付録 B.9 の (B.48) で定義した状態密度 $D(E, V, N)$ を用いると，分配関数は

$$Z(T, V, N) = \int_{-\infty}^{\infty} \exp\left(-\frac{E}{k_B T}\right) D(E, V, N)\, dE \tag{3.24}$$

と表せる．状態密度が V，N に依存することをあからさまに示した．

ここで (3.15) に現れた状態に関する和 $\sum_r$ について触れておこう．この和は，量子系（系を構成する粒子が量子力学で記述される系）ではエネルギー固有状態に関する和と考えてよい．また，古典系（系を構成する粒子がニュートン力学で記述される系）のエネルギーは各粒子の位置 $\{q_i\}$ と運動量 $\{p_i\}$ の関数であるハミルトニアン $H(\{q_i\}, \{p_i\})$ で与えられるので，状態に関する和は，位置と運動量についての積分で表される．N 個の粒子の場合，(3.15) の E_r に $H(\{q_i\}, \{p_i\})$ を代入し，r の和を $\{q_i\}$，$\{p_i\}$ についての積分で置き換えると，分配関数は

[†] 統計力学ではエネルギーの平均値が $\langle E \rangle$ であるが，$\langle E \rangle$ は熱力学で観測されるエネルギー E と一致する．

$$Z(T,V,N) = \sum_r \exp\left(-\frac{E_r}{k_{\mathrm{B}}T}\right)$$
$$= \frac{1}{N!}\frac{1}{h^{3N}} \iint d\{q_i\}\, d\{p_i\} \exp\left(-\frac{H(\{q_i\},\{p_i\})}{k_{\mathrm{B}}T}\right) \tag{3.25}$$

で与えられる．ただし，最初の因子 $1/N!$ は，要素が入れ替わっただけの状態を同一の状態とみなさなければならない場合に必要な因子であり，要素が互いに区別できる場合には必要ないものである[†]．また，次の因子 $1/h^{3N}$ は，各粒子の座標と運動量で張られる $6N$ 次元空間（**位相空間**という）において，状態の数を h^{3N} を単位にして測るために導入したものである（付録 D を参照）．

3.4 古典理想気体

前節で得た理論的枠組みの正当性を確かめるために，(3.25) を最も単純な古典理想気体に適用し，熱力学量を求めてみよう．

体積 $V = L \times L \times L$ の容器に入った N 個の分子（質量 m）からなる理想気体のハミルトニアン（エネルギー）は

$$H(x_1, y_1, z_1, x_2, \cdots, p_{1x}, \cdots, p_{Nz}) = \sum_{i=1}^N \frac{1}{2m}\left(p_{ix}^2 + p_{iy}^2 + p_{iz}^2\right) \tag{3.26}$$

で与えられる．ここで，p_{ix}, p_{iy}, p_{iz} は粒子 i の運動量の x, y, z 成分である．なお，粒子は容器の壁と完全弾性衝突をするが，粒子の位置を容器の中に制限するだけなので，その相互作用はあからさまには書いていない．

この系が温度 T の熱溜に接しているとき，(3.25) により，分配関数は $6N$ 重の積分（$3N$ 個の座標と $3N$ 個の運動量についての積分）を用いて

$$Z(T,V,N) = \frac{1}{N!}\frac{1}{h^{3N}} \int \cdots \int dx_1 \cdots dp_{Nz} \exp\left(-\frac{H(x_1,\cdots,p_{Nz})}{k_{\mathrm{B}}T}\right) \tag{3.27}$$

[†] 同一粒子が区別できるものとすると，「全く同じ条件にある同種気体を混合するとエントロピーが増加する」という矛盾が生じる．これを**ギブスのパラドックス**という．

と表される．例えば，1 個の粒子についての分配関数は

$$
\begin{aligned}
Z(T,V,1) &= \frac{1}{h^3} \int_0^L \int_0^L \int_0^L dx\, dy\, dz \\
&\quad \times \int_{-\infty}^{\infty} \int_{-\infty}^{\infty} \int_{-\infty}^{\infty} \exp\left(-\frac{p_x^2+p_y^2+p_z^2}{2mk_\mathrm{B}T}\right) dp_x\, dp_y\, dp_z
\end{aligned}
\tag{3.28}
$$

と表される．ここで，座標に関する積分は体積を与えることに注意し，また付録 B.8 の (B.45) を用いてガウス積分を実行すると

$$Z(T,V,1) = \frac{V(2\pi m k_\mathrm{B} T)^{3/2}}{h^3} \tag{3.29}$$

を得る．

粒子間には相互作用がないとしているので，各粒子についての積分は独立に行うことができ，N 個の粒子系の場合，

$$
\begin{aligned}
Z(T,V,N) &= \frac{1}{N!\, h^{3N}} \left(\int_0^L \int_0^L \int_0^L dx\, dy\, dz\right)^N \\
&\quad \times \left\{\int_{-\infty}^{\infty} \int_{-\infty}^{\infty} \int_{-\infty}^{\infty} \exp\left(-\frac{p_x^2+p_y^2+p_z^2}{2mk_\mathrm{B}T}\right) dp_x\, dp_y\, dp_z\right\}^N \\
&= \frac{1}{N!} \{Z(T,V,1)\}^N
\end{aligned}
\tag{3.30}
$$

となる．したがって，

$$Z(T,V,N) = \frac{1}{N!} \left\{\frac{V(2\pi m k_\mathrm{B} T)^{3/2}}{h^3}\right\}^N \tag{3.31}$$

を得る．

(3.19) によりヘルムホルツの自由エネルギーを求めると，

$$A(T,V,N) = k_\mathrm{B} T \left\{N \ln N - N - N \ln \frac{V(2\pi m k_\mathrm{B} T)^{3/2}}{h^3}\right\} \tag{3.32}$$

となり，ヘルムホルツの自由エネルギーから $P = -(\partial A/\partial V)_{T,N}$ に従って

圧力を求めると

$$P = \frac{Nk_B T}{V} \tag{3.33}$$

となる．これはよく知られた理想気体の状態方程式であり，前節で示した枠組みの正当性を示す1つの例となる．

同様にして，他の物理量も容易に求めることができる．

エントロピー[†]：

$$S = -\left(\frac{\partial A}{\partial T}\right)_{V,N} = Nk_B \left(\frac{5}{2} + \ln\frac{V}{N} + \frac{3}{2}\ln\frac{2\pi m k_B T}{h^2}\right) \tag{3.34}$$

化学ポテンシャル：

$$\mu = \left(\frac{\partial A}{\partial N}\right)_{T,V} = k_B T \ln\left\{\frac{N}{V}\left(\frac{h^2}{2\pi m k_B T}\right)^{3/2}\right\} \tag{3.35}$$

エネルギー：

$$E = A + TS = \frac{3}{2}Nk_B T \tag{3.36}$$

(3.33), (3.35) から，3つの示強変数 P, T, μ には

$$\mu = k_B T \ln\left\{\frac{P}{k_B T}\left(\frac{h^2}{2\pi m k_B T}\right)^{3/2}\right\} \tag{3.37}$$

の関係があることがわかり，これらの3つの示強変数が互いに独立ではないという**ギブス-デュエムの関係**が確かめられる．

3.5　調和振動子の集まり

3.5.1　古典力学に従う場合

互いに独立な1次元調和振動子が N 個集まった系を考えよう．振動子の質量を m，角振動数を ω として，i 番目の振動子の変位を q_i，運動量を p_i とすると，運動エネルギーは $(1/2m)p_i^2$，位置エネルギーは $(m\omega^2/2)q_i^2$ であるから，系のハミルトニアンは

[†] (3.34) は，**サッカー-テトロードの式**とよばれるものである．エントロピーをこの形に書いたときに，h がプランク定数になることが実験から確かめられる．

$$H(q,p) = \sum_{i=1}^{N} \left(\frac{1}{2m} p_i^2 + \frac{m\omega^2}{2} q_i^2 \right) \qquad (3.38)$$

で与えられる.

VL 5

したがって, 分配関数は (3.38) を (3.25) に代入 (1次元上の運動なので, N 個の座標と N 個の運動量についての積分となり, $3N$ は N で置き換える) して

$$Z(T,V,N) = \frac{1}{h^N} \int \cdots \int \exp\left\{ -\sum_{i=1}^{N} \frac{1}{k_\mathrm{B} T} \left(\frac{1}{2m} p_i^2 + \frac{m\omega^2}{2} q_i^2 \right) \right\} \prod_i dq_i\, dp_i \qquad (3.39)$$

で与えられる. 振動子は空間内に固定されており, 区別できると考えてよいので, 因子 $1/N!$ は必要ない. それぞれの振動子は独立であるから, (3.39) の積分は1つの振動子の積分を N 個掛け合わせたものになるので, 付録 B.8 の (B.45) を用いて,

$$Z(T,V,N) = \frac{1}{h^N} \left[\iint \exp\left\{ -\frac{1}{k_\mathrm{B} T} \left(\frac{1}{2m} p^2 + \frac{m\omega^2}{2} q^2 \right) \right\} dq\, dp \right]^N \qquad (3.40)$$

$$= \left(\frac{k_\mathrm{B} T}{\hbar \omega} \right)^N \qquad (3.41)$$

を得る.

これまでにみてきた手続きに従って, 次の物理量を求めることができる.

ヘルムホルツの自由エネルギー:

$$A = N k_\mathrm{B} T \ln\left(\frac{\hbar\omega}{k_\mathrm{B} T} \right) \qquad (3.42)$$

エネルギー:

$$E = N k_\mathrm{B} T \qquad (3.43)$$

エントロピー:

$$S = N k_\mathrm{B} \left(1 - \ln \frac{\hbar\omega}{k_\mathrm{B} T} \right) \qquad (3.44)$$

化学ポテンシャル:

$$\mu = k_\mathrm{B} T \ln\left(\frac{\hbar\omega}{k_\mathrm{B} T} \right) \qquad (3.45)$$

定積比熱：
$$C_V = Nk_B \tag{3.46}$$

なお，角振動数 ω が体積に依存しなければ，ヘルムホルツの自由エネルギー A は体積に依存しないので，この調和振動子の系の圧力はゼロとなる．

3.5.2 量子力学に従う場合

量子力学に従う 1 個の 1 次元調和振動子のハミルトニアンは，

$$\hat{H} = -\frac{\hbar^2}{2m}\frac{d^2}{dq^2} + \frac{m\omega^2}{2}q^2 \tag{3.47}$$

であり，そのエネルギー固有値は，付録 F.1 で示すように量子数 n を用いて

$$E_n = \left(n + \frac{1}{2}\right)\hbar\omega \quad (n = 0, 1, 2, 3, \cdots) \tag{3.48}$$

で与えられる．

VL 6

この調和振動子 1 個が温度 T の熱溜に接している場合，(3.15) より分配関数は

$$Z(T, V, 1) = \sum_{n=0}^{\infty} \exp\left\{-\frac{\hbar\omega}{k_B T}\left(n + \frac{1}{2}\right)\right\} \tag{3.49}$$

で与えられる．付録 B.3 の等比級数の公式 (B.17) を用いると，$Z(T, V, 1)$ は

$$\begin{aligned}
Z(T, V, 1) &= \exp\left(-\frac{\hbar\omega}{2k_B T}\right) \sum_{n=0}^{\infty} \left\{\exp\left(-\frac{\hbar\omega}{k_B T}\right)\right\}^n \\
&= \frac{\exp\left(-\dfrac{\hbar\omega}{2k_B T}\right)}{1 - \exp\left(-\dfrac{\hbar\omega}{k_B T}\right)} = \frac{1}{\exp\left(\dfrac{\hbar\omega}{2k_B T}\right) - \exp\left(-\dfrac{\hbar\omega}{2k_B T}\right)} \\
&= \frac{1}{2\sinh\dfrac{\hbar\omega}{2k_B T}}
\end{aligned} \tag{3.50}$$

のように双曲線関数で表すことができる．

温度 T の熱溜に接している N 個の独立な調和振動子からなる系の場合，系の状態は各振動子の量子数で決まる．i 番目の振動子の量子数を n_i とする

と，系のエネルギーは

$$E(n_1, n_2, \cdots, n_i, \cdots, n_N) = \sum_{i=1}^{N} \left(n_i + \frac{1}{2}\right)\hbar\omega \qquad (3.51)$$

と表される ($n_i = 0, 1, 2, 3, \cdots$)．したがって，N 個の振動子の系の分配関数は

$$Z(T, V, N) = \sum_{n_1, n_2, \cdots, n_N} \exp\left\{-\frac{\sum_i \left(n_i + \frac{1}{2}\right)\hbar\omega}{k_B T}\right\} \qquad (3.52)$$

で与えられ，各振動子の量子数についての和は独立に行うことができるので，

$$Z(T, V, N) = \left[\sum_{n=0}^{\infty} \exp\left\{-\frac{\hbar\omega}{k_B T}\left(n + \frac{1}{2}\right)\right\}\right]^N = \frac{1}{2^N \sinh^N \frac{\hbar\omega}{2k_B T}} \qquad (3.53)$$

を得る．この表式は，$\hbar\omega/k_B T \to 0$ の極限で古典系の (3.41) と一致する．一方，低温領域ではその差が顕著に現れる．

古典系の場合と同様に，分配関数から次の熱力学量を求めることができる．

ヘルムホルツの自由エネルギー：

$$A = N\frac{\hbar\omega}{2} + Nk_B T \ln\left\{1 - \exp\left(-\frac{\hbar\omega}{k_B T}\right)\right\} \qquad (3.54)$$

エネルギー：

$$E = N\frac{\hbar\omega}{2} + N\hbar\omega \frac{1}{\exp\left(\frac{\hbar\omega}{k_B T}\right) - 1} \qquad (3.55)$$

エントロピー：

$$S = Nk_B \left[\frac{\hbar\omega}{k_B T}\frac{1}{\exp\left(\frac{\hbar\omega}{k_B T}\right) - 1} - \ln\left\{1 - \exp\left(-\frac{\hbar\omega}{k_B T}\right)\right\}\right] \qquad (3.56)$$

化学ポテンシャル：
$$\mu = \frac{\hbar\omega}{2} + k_B T \ln\left\{1 - \exp\left(-\frac{\hbar\omega}{k_B T}\right)\right\} \quad (3.57)$$

定積比熱：
$$C_V = N k_B \left(\frac{\hbar\omega}{k_B T}\right)^2 \frac{\exp\left(\frac{\hbar\omega}{k_B T}\right)}{\left\{\exp\left(\frac{\hbar\omega}{k_B T}\right) - 1\right\}^2} \quad (3.58)$$

なお，古典系の場合と同様に，ω が体積に依存しない場合は圧力はゼロとなる．

図 3.3 に，エネルギーと定積比熱の温度依存性を示す．古典系と量子系の定積比熱の振る舞いは，高温領域では一致するが，低温領域ではその差が顕著になる．

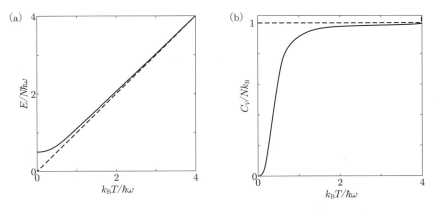

図 3.3 1 次元調和振動子系のエネルギー (a) と定積比熱 (b) の温度依存性．実線は量子系，破線は古典系を表す．

[**問**] 量子力学に基づいて求めたエネルギー (3.55) は，高温の極限で古典論の値 $N k_B T$ に一致することを示せ．（この対応が成り立つためには，ゼロ点振動（$n=0$ の状態）が必要であることがわかる．）

3.6 エネルギーのゆらぎと比熱

熱溜に接している系は，熱溜と常にエネルギーをやりとりしているから，系の

エネルギーは時々刻々と変化する．アンサンブルについていえば，各系のエネルギーは平均値の周りに分布することになる（図3.1(b) を参照）．すでに述べたように，エネルギー E_r の状態が出現する確率は，$\exp\left(-\frac{E_r}{k_\mathrm{B}T}\right) \Big/ \sum_r \exp\left(-\frac{E_r}{k_\mathrm{B}T}\right)$ で与えられる．したがって，エネルギーのゆらぎの2乗の平均を $\langle(\Delta E)^2\rangle \equiv \langle(E_r - \langle E_r\rangle)^2\rangle = \langle E_r^2\rangle - \langle E_r\rangle^2$ で定義すると，ボルツマン因子を用いて

$$\langle(\Delta E)^2\rangle = \frac{\sum_r E_r^2 e^{-\beta E_r}}{\sum_r e^{-\beta E_r}} - \left(\frac{\sum_r E_r e^{-\beta E_r}}{\sum_r e^{-\beta E_r}}\right)^2 \tag{3.59}$$

と表すことができる．なお，記述を簡単にするために $\beta = 1/k_\mathrm{B}T$ を用いた．

この式を少し変形すると

$$\langle(\Delta E)^2\rangle = \frac{\sum_r e^{-\beta E_r}\sum_r E_r^2 e^{-\beta E_r} - \left(\sum_r E_r e^{-\beta E_r}\right)^2}{\left(\sum_r e^{-\beta E_r}\right)^2}$$

$$= \frac{\sum_r e^{-\beta E_r}\left(-\dfrac{\partial \sum_r E_r e^{-\beta E_r}}{\partial \beta}\right) - \left(-\dfrac{\partial \sum_r e^{-\beta E_r}}{\partial \beta}\right)\left(\sum_r E_r e^{-\beta E_r}\right)}{\left(\sum_r e^{-\beta E_r}\right)^2}$$

$$= -\frac{\partial}{\partial \beta}\frac{\sum_r E_r e^{-\beta E_r}}{\sum_r e^{-\beta E_r}} = -\frac{\partial \langle E\rangle}{\partial \beta} \tag{3.60}$$

が導かれる．すなわち，

$$\frac{\partial}{\partial \beta} = \frac{\partial T}{\partial \beta}\frac{\partial}{\partial T} = -k_\mathrm{B}T^2\frac{\partial}{\partial T}$$

を用いて $\partial/\partial \beta$ を $\partial/\partial T$ に直すと，

$$\langle(\Delta E)^2\rangle = k_\mathrm{B}T^2\frac{\partial \langle E\rangle}{\partial T} = k_\mathrm{B}T^2 C_V \tag{3.61}$$

となり，エネルギーのゆらぎの2乗の平均は定積比熱に比例する．

比熱は示量変数であるから，エネルギーのゆらぎの相対的な大きさは

$$\frac{\sqrt{\langle (\Delta E)^2 \rangle}}{\langle E \rangle} = \frac{\sqrt{k_B T C_V}}{\langle E \rangle} \sim \frac{1}{\sqrt{N}} \tag{3.62}$$

で与えられる．つまり，十分大きな系では，エネルギーのゆらぎは無視してよいことになる．

3.7 いくつかの応用例
3.7.1 条件付き出現確率

カノニカルアンサンブルでは，エネルギー E_r をもつ状態 r が出現する確率が (3.7) で与えられるので，ある条件を指定した状態 R が出現する確率 P_R は

$$P_R = \frac{\sum_{r \in R} \exp\left(-\frac{E_r}{k_B T}\right)}{\sum_{r} \exp\left(-\frac{E_r}{k_B T}\right)} \tag{3.63}$$

と表すことができる．ここで**条件付き分配関数**とよばれる $Z_R(T, V, N)$ を

$$Z_R(T, V, N) = \sum_{r \in R} \exp\left(-\frac{E_r}{k_B T}\right) \tag{3.64}$$

で定義すると，状態 R の出現確率 P_R は分配関数の比

$$P_R = \frac{Z_R(T, V, N)}{Z(T, V, N)} \tag{3.65}$$

で与えられる．この関係は，例えばサイコロを振ったときに 1 つの目が出る確率は $1/6$ であるのに対して，偶数の目が出る確率は $3 \times 1/6 = 1/2$ となるということと同じ論理から導かれている．

さらに，**条件付き自由エネルギー**とよばれる A_R を

$$A_R = -k_B T \ln Z_R(T, V, N) \tag{3.66}$$

で定義すると，(3.65) より，出現確率 P_R は

$$P_R = \exp\left(\frac{A - A_R}{k_B T}\right) \tag{3.67}$$

と表すことができる．

3.7.2 マクスウェル分布

質量 m の分子 N 個からなる系が温度 T の熱溜に接しているとき，分子はいろいろな速度で空間内を飛び回っている．その速度の分布関数をカノニカルアンサンブルを用いて求めてみよう．

まず，各分子が位相空間内の $(x_1, y_1, z_1, x_2, \cdots, z_N, p_{1x}, p_{1y}, \cdots, p_{Nz})$ 近傍の微小領域 $d\Gamma \equiv \prod_i dx_i\, dy_i\, dz_i\, dp_{ix}\, dp_{iy}\, dp_{iz}$ 内にある確率は

$$\frac{\exp\{-\beta H(x_1, \cdots, p_{Nz})\}}{Z(T,V,N)} \frac{d\Gamma}{N!\, h^{3N}} \tag{3.68}$$

で与えられる（$\beta = 1/k_B T$）．ここで $H(x_1, \cdots, p_{Nz})$ は系の全ハミルトニアンであり，$Z(T,V,N)$ は分配関数

$$Z(T,V,N) = \int \exp\{-\beta H(x_1, \cdots, p_{Nz})\} \frac{d\Gamma}{N!\, h^{3N}}$$

である．

1 個の分子の運動量が (p_{1x}, p_{1y}, p_{1z}) の近傍 $dp_{1x}\, dp_{1y}\, dp_{1z}$ 内にある確率は，(3.68) において，その分子の運動量のみを残し，その分子の座標と他の分子の座標，運動量について積分することで求めることができる．この積分した量は，分母の分配関数の対応する項と相殺するので，(3.68) は

$$\frac{1}{(2\pi m k_B T)^{3/2}} \exp\left(-\frac{p_{1x}^2 + p_{1y}^2 + p_{1z}^2}{2 m k_B T}\right) dp_{1x}\, dp_{1y}\, dp_{1z}$$

に帰着する．

次に，速度の分布に直すために $p_{1x} = m v_{1x}$ および $dp_{1x} = m\, dv_{1x}$ などに注意して，変数を運動量から速度に変更する．1 つの分子の速度が (v_x, v_y, v_z) の近傍 $dv_x\, dv_y\, dv_z$ 内にある確率を $P(v_x, v_y, v_z)\, dv_x\, dv_y\, dv_z$ とすると，$P(v_x, v_y, v_z)$ は，

$$P(v_x, v_y, v_z) = \left(\frac{m}{2\pi k_B T}\right)^{3/2} \exp\left\{-\frac{m}{2 k_B T}(v_x^2 + v_y^2 + v_z^2)\right\} \tag{3.69}$$

で与えられ，この分布を**マクスウェル分布**とよぶ．

分子の速さ $v = \sqrt{v_x^2 + v_y^2 + v_z^2}$ が v と $v + dv$ の間にある確率を $P(v)\, dv$

3.7 いくつかの応用例

とすると,$P(v)$ は速度を極座標 $v_x = v\sin\theta\cos\phi$, $v_y = v\sin\theta\sin\phi$, $v_z = v\cos\theta$ で表し,$dv_x\,dv_y\,dv_z = v^2\sin\theta\,dv\,d\theta\,d\phi$ に注意して角度について積分すれば,

$$P(v) = 4\pi v^2 \left(\frac{m}{2\pi k_{\mathrm{B}}T}\right)^{3/2} \exp\left(-\frac{mv^2}{2k_{\mathrm{B}}T}\right)$$

であることが示される.

図 3.4 に,分子の速さに関するマクスウェル分布を示す.

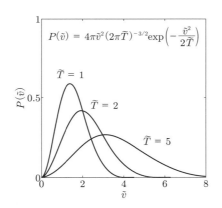

図 3.4 基準となる温度を T_0 として,温度を $\tilde{T} = T/T_0$ で表し,$\sqrt{k_{\mathrm{B}}T_0/m}$ を単位とした $\tilde{v} = v/\sqrt{k_{\mathrm{B}}T_0/m}$ を用いて表した分布関数 $P(\tilde{v})$ をいくつかの温度について示す.

3.7.3 固体 - 気体の相平衡

単成分からなる固体が昇華して気体となり,互いに平衡になる点は,P-T 面内で 1 つの曲線となり,これを**昇華曲線**という.この昇華曲線を簡単な考察から求めてみよう(図 3.5).

温度 T の熱溜に接した体積 V の容器に N 個の単原子分子(質量 m)からなる物質が入っているとし,その物質の一部 N_{g} 個の分子が昇華して気体となり,固体と気体が平衡に達したとしよう.このとき,固体部分の分子数を N_{s} とすると,当然 $N_{\mathrm{g}} + N_{\mathrm{s}} = N$ が満たされる.また,固体部分の体積を V_{s},気体部分の体積を V_{g} とすると $V_{\mathrm{s}} \ll V_{\mathrm{g}}$ であり,$V = V_{\mathrm{s}} + V_{\mathrm{g}} \simeq V_{\mathrm{g}}$ と

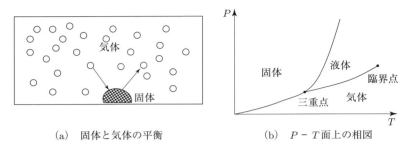

(a) 固体と気体の平衡 (b) $P-T$ 面上の相図

図 3.5

近似できる．

固体を量子論に従う調和振動子の集まりで近似すると，その分配関数は

$$Z_\mathrm{s}(T, N_\mathrm{s}) = \{\phi(T)\}^{N_\mathrm{s}} \tag{3.70}$$

ただし，

$$\phi(T) = \exp\left(\frac{\varepsilon}{k_\mathrm{B}T}\right)\left\{\frac{1}{2\sinh\left(\frac{\hbar\omega}{2k_\mathrm{B}T}\right)}\right\}^3 \tag{3.71}$$

と仮定する．ここで，3.6.2 で得た分配関数を 3 次元に拡張し，さらに固体の各分子は，エネルギー $-\varepsilon$ だけ気体よりエネルギーが低いと仮定した．

一方，気体を理想気体で近似すると，その分配関数は (3.31) より，

$$Z_\mathrm{g}(T, V, N_\mathrm{g}) = \frac{\{Vf(T)\}^{N_\mathrm{g}}}{N_\mathrm{g}!} \tag{3.72}$$

ただし，

$$f(T) = \left(\frac{2\pi m k_\mathrm{B} T}{h^2}\right)^{3/2}$$

で与えられる．

温度が一定であるから，平衡状態では全体のヘルムホルツの自由エネルギー $A = A_\mathrm{g} + A_\mathrm{s}$（$A_\mathrm{g}$, A_s はそれぞれ気体部分，固体部分のヘルムホルツの自由エネルギー），すなわち

$$A(T, V, N_\mathrm{g}) = -k_\mathrm{B}T(\ln Z_\mathrm{g} + \ln Z_\mathrm{s})$$

$$= -k_{\mathrm{B}}T\left\{N_{\mathrm{g}}\ln\frac{eVf(T)}{N_{\mathrm{g}}} + (N - N_{\mathrm{g}})\ln\phi(T)\right\} \tag{3.73}$$

が最小となる．したがって，関数が極値をとる条件 $\partial A(T, V, N_{\mathrm{g}})/\partial N_{\mathrm{g}} = 0$ から，N_{g} を決める式として，

$$-k_{\mathrm{B}}T\left\{\ln\frac{Vf(T)}{N_{\mathrm{g}}} - \ln\phi(T)\right\} = 0 \tag{3.74}$$

を得る．第1項の $\partial(-k_{\mathrm{B}}T\ln Z_{\mathrm{g}})/\partial N_{\mathrm{g}} = \partial A_{\mathrm{g}}/\partial N_{\mathrm{g}}$ は付録 A.1 の表 A.1 より気体の化学ポテンシャルであり，第2項の $\partial(-k_{\mathrm{B}}T\ln Z_{\mathrm{s}})/\partial N_{\mathrm{g}} = -\partial A_{\mathrm{s}}/\partial N_{\mathrm{s}}$ は固体部分の化学ポテンシャルの符号を変えたものであるから，両者の化学ポテンシャルが等しいというのが，この式の意味するところである．

(3.74) から，平衡状態における気体分子の数 N_{g}^* として

$$N_{\mathrm{g}}^* = \frac{Vf(T)}{\phi(T)} \tag{3.75}$$

を得るが，N_{g}^* は全粒子数 N を越えることはできないから，$N_{\mathrm{g}}^* \leq N$ であれば固体が出現し，$N_{\mathrm{g}}^* > N$ であればすべての分子が気体状態となる．そして，固体と気体が共存しているときは，気体の圧力は $P = -(\partial A/\partial V)_{T,N}$ より

$$P = \frac{N_{\mathrm{g}}^* k_{\mathrm{B}}T}{V} = \frac{f(T)}{\phi(T)} k_{\mathrm{B}}T \tag{3.76}$$

で与えられるから，P-T 面上の昇華曲線は

$$P = k_{\mathrm{B}}T\left(\frac{2\pi m k_{\mathrm{B}}T}{h^2}\right)^{3/2}\left(2\sinh\frac{\hbar\omega}{k_{\mathrm{B}}T}\right)^3 \exp\left(-\frac{\varepsilon}{k_{\mathrm{B}}T}\right) \tag{3.77}$$

となる．

問　題

[1] 熱溜に接した系のエネルギーの平均値から，分配関数とヘルムホルツの自由エネルギーとの関係を求める．

(1) エネルギーの平均値 $\langle E \rangle$ が，

$$\langle E \rangle = k_{\rm B} T^2 \frac{\partial}{\partial T} \ln Z(T, V, N)$$

で与えられることを示せ．

(2) 熱力学の関係式（付録の問題［1］の (1) を参照）

$$E = -T^2 \frac{\partial}{\partial T} \frac{A}{T}$$

と対応させて，分配関数とヘルムホルツの自由エネルギーの関係を導け．

［**2**］ 状態密度 $D(E, V, N)$ を用いると，分配関数は

$$Z(T, V, N) = \int_0^\infty \exp\left(-\frac{E}{k_{\rm B} T}\right) D(E, V, N)\, dE$$

と表される．体積 V の中にある N 個の分子（分子の質量 m）からなる古典理想気体の状態密度は，付録 D の (D.4) から $D(E, V, N) = W(E, \Delta E, V, N)/\Delta E$ として

$$D(E, V, N) = \frac{V^N}{N!\, h^{3N}} \frac{(2\pi m)^{3N/2} E^{3N/2-1}}{\Gamma(3N/2)} \qquad (E \geq 0)$$

で与えられる．上式を用いて分配関数を求めよ．

［**3**］ 互いに区別できる独立な N 個の 1 次元調和振動子（振動数 ω）の状態密度は，

$$D(E, V, N) = \frac{1}{(\hbar\omega)^N} \frac{E^{N-1}}{(N-1)!} \qquad (E \geq 0)$$

で与えられる．問題［2］の表式を用いて分配関数を求めよ．また，分配関数からヘルムホルツの自由エネルギーを求め，エントロピー，エネルギー，定積比熱を求めよ．

［**4**］ プランク振動子のエネルギー固有値は $\varepsilon_n = n\hbar\omega\ (n = 0, 1, 2, 3, \cdots)$ で与えられる．温度 T の熱溜に接している N 個のプランク振動子の系を考える．

(1) 1 個のプランク振動子の分配関数 $Z(T, V, 1)$ を求めよ．

(2) プランク振動子は区別できるものとして，N 個の振動子の系の分配関数 $Z(T, V, N)$ を求めよ．

(3) $Z(T, V, N)$ からヘルムホルツの自由エネルギーを求めよ．

(4) ヘルムホルツの自由エネルギーから，エントロピー，エネルギー，比熱を求めよ．

(5) プランク振動子のエネルギーと比熱の温度依存性を，3.5.2 で述べた調和振動子のものと比較せよ．

[5]　$S=1/2$ のスピンは，磁場 H の中に置かれると，磁場の向きか，磁場と反対の向きかのどちらかの状態のみをとる．1つのスピンに変数 σ を与えて，σ の値が $+1$ または -1 によって2つの状態を区別し，スピンのもつ磁気モーメントを $\bar{\mu}$ とすると，スピンの各状態のエネルギーは $-\sigma\bar{\mu}H$ で与えられる．このようなスピン N 個からなる系（i 番目のスピンの変数を σ_i とする）が，温度 T の熱溜に接しているとき，スピンは互いに独立であるとして次の問いに答えよ．

(1) 1個のスピンが上を向く（$\sigma=1$）確率および下を向く（$\sigma=-1$）確率を求めよ．

(2) (1) の確率分布によって σ の平均値を求めよ．

(3) N 個のスピンの系について，磁化 $M \equiv N\bar{\mu}\langle\sigma_i\rangle$ を求めよ．

(4) 系のハミルトニアン（エネルギー）は
$$\mathcal{H} = -\bar{\mu}H\sum_i \sigma_i$$
で与えられる．エネルギーの平均値の温度依存性を求めよ．

(5) 比熱の温度依存性を求めよ．

[6]　エネルギーが $-\varepsilon$, 0, ε の3つの状態のみをとる要素が，温度 T の熱溜に接している．その1個の要素について，次の問いに答えよ．

(1) エネルギーの平均値 $\langle E \rangle$ を求めよ．

(2) エネルギーの2乗の平均値 $\langle E^2 \rangle$ を求めよ．

(3) (1), (2) からエネルギーのゆらぎの大きさ $\langle \Delta E^2 \rangle \equiv \langle (E-\langle E\rangle)^2\rangle = \langle E^2\rangle - \langle E\rangle^2$ を求めよ．

(4) (1) から比熱を求め，(3) で得たエネルギーのゆらぎの大きさとの関係を示せ．

[7]　高温の炉の側面に開けられた小さな窓から漏れ出てくる気体分子の輝線スペクトルを考える．窓が x 方向に開いているとすると，速度の x 成分が v_x である分子が発する光の波長は，静止した分子が出す光の波長を λ_0 とすると，ドップラー効果によって
$$\lambda = \lambda_0 \frac{v_x + c}{c}$$
となる．ここで，c は光速である．マクスウェル分布を用いて，窓から漏れ出てくる光の強度 $I(\lambda)$ と波長 λ の関係が
$$I(\lambda) \propto \exp\left\{-\frac{mc^2(\lambda-\lambda_0)^2}{2\lambda_0^2 k_\mathrm{B} T}\right\}$$

で与えられることを示せ．この現象を**ドップラーブロードニング**とよぶ．

[**8**] 温度 T の熱溜に接している質量 m の粒子 N ($N \gg 1$) からなる系がある．粒子間には相互作用はなく，また粒子は互いに区別できない．系は一様な重力場の中に鉛直に立てられた無限に長い四角柱状の容器（底面積 $A = L \times L$）に閉じ込められているとし，重力の加速度の大きさを g とする．

(1) 系の分配関数を求めよ．

(2) 系の定積比熱を求めよ．

(3) (2) で得た比熱は，通常の理想気体の比熱 $3Nk_{\mathrm{B}}/2$ より大きくなるが，その物理的理由を説明せよ．

[**9**] 古典力学に従う磁気モーメントを考える．大きさ $\bar{\mu}$ の磁気モーメントと大きさ H の磁場が角度 θ をなすとき，そのエネルギーは

$$E(\theta) = -\bar{\mu} H \cos\theta$$

で与えられる．磁場を z 軸の正の向きにとり，磁気モーメントの向きを極角 θ と方位角 ϕ で表す．磁気モーメントの向きが θ, ϕ 近傍の立体角 $\sin\theta\, d\theta\, d\phi$ にある確率は

$$P(\theta)\sin\theta\, d\theta\, d\phi = \frac{\exp\left(\dfrac{\bar{\mu} H \cos\theta}{k_{\mathrm{B}} T}\right)}{\displaystyle\int_0^\pi \int_0^{2\pi} \exp\left(\dfrac{\bar{\mu} H \cos\theta}{k_{\mathrm{B}} T}\right)\sin\theta\, d\theta\, d\phi} \sin\theta\, d\theta\, d\phi$$

で与えられる．磁気モーメントの磁場方向の成分 $\bar{\mu}\cos\theta$（磁化）の平均値 $\langle M_z \rangle$ が，**ランジュバン関数**

$$\mathcal{L}(x) = \coth x - \frac{1}{x}$$

を用いて

$$\langle M_z \rangle = \bar{\mu}\, \mathcal{L}\left(\frac{\bar{\mu} H}{k_{\mathrm{B}} T}\right)$$

で与えられることを示せ．

[**10**] 量子力学に従う磁気モーメントは，その z 成分が量子化される．磁気モーメントの大きさが J で与えられるとき，磁気モーメントの z 成分は

$$\mu_z = \bar{\mu} m \quad (m = -J, -J+1, -J+2, \cdots, J-1, J)$$

の $2J+1$ 個の状態をとる．g をランデの g 因子，$\mu_{\mathrm{B}} = e\hbar/2mc$ をボーア磁子とすると，$\bar{\mu} = g\mu_{\mathrm{B}}$ である．

この磁気モーメントが，z 軸の正の向きの大きさ H の磁場の中で温度 T の熱溜に接しているとき，磁気モーメントの z 成分が $\bar{\mu}m$ の値をとる確率 P_m は

$$P_m = \frac{\exp\left(\dfrac{\bar{\mu}Hm}{k_\mathrm{B}T}\right)}{\displaystyle\sum_{m=-J}^{m=J} \exp\left(\dfrac{\bar{\mu}Hm}{k_\mathrm{B}T}\right)}$$

で与えられる．

(1) 磁気モーメントの磁場方向の成分 $\bar{\mu}m$（磁化）の平均値 $\langle M_z \rangle$ が，**ブリルアン関数**

$$B_J(x) = \left(1 + \frac{1}{2J}\right)\coth\left\{\left(1 + \frac{1}{2J}\right)x\right\} - \frac{1}{2J}\coth\left(\frac{x}{2J}\right)$$

を用いて

$$\langle M_z \rangle = \bar{\mu}J B_J\left(\frac{\bar{\mu}JH}{k_\mathrm{B}T}\right)$$

で与えられることを示せ．

(2) $J \to \infty$ の極限では，磁気モーメントの方向は連続的に変わるとみなせるので，問題 [9] で得た結果と一致する．すなわち，

$$\lim_{J \to \infty} B_J(x) = \mathcal{L}(x)$$

を示せ．ここで，$\mathcal{L}(x)$ はランジュバン関数である．

(3) $J = 1/2, 3/2$ について $\langle M_z \rangle$ の磁場依存性を求め，図示せよ．

[11] 2原子分子からなる系を考える．分子内の原子間距離が固定されているとすると，分子の運動エネルギーは

$$\begin{aligned} H &= \frac{1}{2m_1}\boldsymbol{p}_1^2 + \frac{1}{2m_2}\boldsymbol{p}_2^2 \\ &= \frac{1}{2M}(P_x^2 + P_y^2 + P_z^2) + \frac{1}{2I}\left(p_\theta^2 + \frac{p_\phi^2}{\sin^2\theta}\right) \end{aligned}$$

で与えられる（付録 E を参照）．ここで，P_x, P_y, P_z は重心の運動量，p_θ, p_ϕ は分子の軸方向を表す角度変数 θ, ϕ に共役な運動量である．$M = m_1 + m_2$ は全質量，$I = \{m_1 m_2/(m_1 + m_2)\}r^2$ は分子の慣性モーメント（r は原子間距離）である．

このような分子 N 個からなる系が体積 V の容器に入れられ，温度 T の熱溜に接している．さらに，各分子は電気双極子モーメント $\bar{\mu}$ をもち，系には z の正の向

きに電場 E がかけられているものとする．このとき，分子は $-\bar{\mu}E\cos\theta$ のポテンシャルエネルギーをもつ．

(1) 1個の分子についての分配関数は，重心の並進運動の寄与 Z_t と回転運動の寄与 Z_r の積で与えられる．それぞれの寄与を求めよ．

(2) 単位体積当たりの電気分極 P は

$$P = -\frac{1}{V}\left(\frac{\partial A}{\partial E}\right)_{T,V,N}$$

で与えられる．ここで，$A = -kT\ln Z$, $Z = (Z_t Z_r)^N/N!$ である．電気分極 P を求めよ．

(3) 誘電率 ϵ は，系の電気変位 $D = E + 4\pi P$ と電場との比 $\epsilon = D/E$ で定義される．P の E に比例する項のみをとって，誘電率を求めよ．ただし，ランジュバン関数の展開式

$$\mathcal{L}(x) \equiv \coth x - \frac{1}{x} \simeq \frac{x}{3} - \frac{x^3}{45} + \cdots$$

を用いてよい．

[**12**]　負の温度の状態は $T = \infty$ より高温であるといわれる．$\beta = 1/k_B T$ として，β_1 と β_2 をもつ2つの系を接触させたときにエネルギーの流れる方向を熱力学第2法則に基づいて吟味し，この主張の妥当性を論ぜよ．

<4>
いろいろなアンサンブル

　物理学の対象となる系を閉じ込めている容器の壁は，様々なものが考えられる．熱と粒子を透過させることができる固定された壁で囲まれた系では，体積は一定であるが，粒子数とエネルギーが変化する．このときは，エネルギーと粒子を自由にやりとりできる溜（熱・粒子溜）を考え，そのような溜に接した系が議論の対象となる．また，粒子は通さないが，透熱性の可動壁で囲まれた系では，熱・圧力溜（また熱・体積溜）に接していることになる．本章では，前章のカノニカルアンサンブルの考え方を発展させて，このような溜に接した系の統計力学を定式化する．

4.1 グランドカノニカルアンサンブル

　熱・粒子溜に接した系の無数の集まりを**グランドカノニカルアンサンブル**という．ここでは，そのようなアンサンブルの基本的な取り扱い方を解説する．

4.1.1 大分配関数と $\mathcal{J}$ 関数

　ある系が，その系より十分大きな熱・粒子溜と接して，熱および粒子を自由に交換するものとしよう．熱・粒子溜によって系の温度と化学ポテンシャルは一定に保たれるが，系は様々なエネルギーや粒子数の状態をとることができる．系がエネルギー E_r，粒子数 N の状態にあるときの溜のエネルギー，粒子数をそれぞれ E_r', N' とする．系と溜を合わせたものは，全体として1つの系であり，外界から閉じている．これらの系全体の粒子数，エネルギーは一定に保たれるから，エネルギーの和

$$E_r + E_r' = E^{(0)} \tag{4.1}$$

および粒子数の和

$$N + N' = N^{(0)} \tag{4.2}$$

は，一定に保たれる．また，溜は十分大きい系としているから

$$\left|\frac{E_r}{E^{(0)}}\right| \ll 1, \qquad \frac{N}{N^{(0)}} \ll 1 \tag{4.3}$$

が満たされる（図 4.1）．

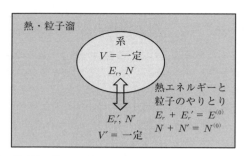

図 4.1 熱・粒子溜に接した系では，体積は一定に保たれるが，エネルギーと粒子数は変化する．このような系の無数の集まりがグランドカノニカルアンサンブルである．

さて，この状態が出現する確率 $p(E_r, N)$ は，前章と同様に熱・粒子溜の微視状態の数 $W'(E^{(0)} - E_r, V', N^{(0)} - N)$ と系の微視状態の数 $W(E_r, V, N)$ の積で与えられる全体の微視状態の数に比例すると考えてよく，

$$p(E_r, N) \propto W'(E^{(0)} - E_r, V', N^{(0)} - N)\, W(E_r, V, N) \tag{4.4}$$

と表される．熱・粒子溜の状態数が系の状態数に比べて圧倒的に大きい場合には，$W(E_r, V, N) \ll W'(E^{(0)} - E_r, V', N^{(0)} - N)$ が成り立つので

$$\ln p(E_r, N) \simeq \ln W'(E^{(0)} - E_r, V', N^{(0)} - N) + \ln W(E_r, V, N) + \cdots$$

において，第 2 項は無視できる．さらに，(4.3) に注意すれば，第 1 項は

$$\begin{aligned}
\ln p(E_r, N) \simeq{}& \ln W'(E^{(0)}, V', N^{(0)}) \\
& - \left.\frac{\partial \ln W'(E'_r, V', N')}{\partial N'}\right|_{E'_r = E^{(0)}, N' = N^{(0)}} N \\
& - \left.\frac{\partial \ln W'(E'_r, V', N')}{\partial E'_r}\right|_{E'_r = E^{(0)}, N' = N^{(0)}} E_r \tag{4.5}
\end{aligned}$$

と展開できる．

熱・粒子溜のエントロピーは $S' = k_B \ln W'$ で与えられるから，μ, T をそれぞれ熱・粒子溜の化学ポテンシャル，温度として，

$$\frac{\partial \ln W'}{\partial N'} = -\frac{\mu}{k_B T}, \qquad \frac{\partial \ln W'}{\partial E'_r} = \frac{1}{k_B T} \tag{4.6}$$

となる．すなわち，(4.5) から

$$p(E_r, N) \propto \exp\left\{-\frac{1}{k_B T}(E_r - \mu N)\right\} \tag{4.7}$$

が導かれる．ここで，確率 $p(E_r, N)$ を規格化して，$\sum_N \sum_r p(E_r, N) = 1$ を満たすようにすれば

$$p(E_r, N) = \frac{\exp\left\{-\frac{1}{k_B T}(E_r - \mu N)\right\}}{\sum_N \sum_r \exp\left\{-\frac{1}{k_B T}(E_r - \mu N)\right\}} \tag{4.8}$$

となる．

規格化のために分母に導入した量を

$$\Xi(T, V, \mu) = \sum_N \sum_r \exp\left\{-\frac{1}{k_B T}(E_r - \mu N)\right\} \tag{4.9}$$

と書き，これを**大分配関数**とよぶ．分配関数の定義 (3.15) を用いれば，大分配関数は

$$\Xi(T, V, \mu) = \sum_N \exp\left(\frac{\mu N}{k_B T}\right) \sum_r \exp\left(-\frac{E_r}{k_B T}\right) \tag{4.10}$$

$$= \sum_N z^N Z(T, V, N) \tag{4.11}$$

と表すことができる．ここで $z \equiv \exp(\mu/k_B T)$ は**絶対活動度**とよばれる．なお，化学ポテンシャル μ の代わりに絶対活動度 z を独立変数にとると都合の良い場合もある（例えば章末の問題［2］を参照）．

大分配関数 $\Xi(T, V, \mu)$ の意味をみるために，(2.2) に従って系のエントロピーを求めると，

$$
\begin{aligned}
S &= -k_{\mathrm{B}} \sum_N \sum_r p(E_r, N) \ln p(E_r, N) \\
&= -k_{\mathrm{B}} \sum_N \sum_r p(E_r, N) \left\{ -\frac{E_r - \mu N}{k_{\mathrm{B}} T} - \ln \Xi(T, V, \mu) \right\} \\
&= \frac{\langle E \rangle - \mu \langle N \rangle + k_{\mathrm{B}} T \ln \Xi(T, V, \mu)}{T}
\end{aligned} \tag{4.12}
$$

となる．ここで $\langle E \rangle$，$\langle N \rangle$ はそれぞれ，観測される系のエネルギーの平均値と粒子数の平均値である．

一方，付録 A.1 の表 A.1 の $\mathcal{J}$ 関数（グランドポテンシャル）の定義から

$$
S = \frac{E - \mu N - \mathcal{J}}{T} \tag{4.13}
$$

となるので，上式と比べて

$$
\mathcal{J}(T, V, \mu) = -k_{\mathrm{B}} T \ln \Xi(T, V, \mu) \tag{4.14}
$$

という対応関係があることがわかる†．

付録 A.1 の表 A.1 を参照して，$\mathcal{J}$ 関数から様々な物理量を求めることができる．例えば，粒子数の平均値 $\langle N \rangle$ およびエネルギーの平均値 $\langle E \rangle$ は

$$
\begin{aligned}
\langle N \rangle &= -\left(\frac{\partial \mathcal{J}}{\partial \mu} \right)_{T, V} \\
&= k_{\mathrm{B}} T \left(\frac{\partial}{\partial \mu} \ln \Xi(T, V, \mu) \right)_{T, V}
\end{aligned} \tag{4.15}
$$

$$
\begin{aligned}
\langle E \rangle &= -T^2 \left(\frac{\partial}{\partial T} \left(\frac{\mathcal{J}}{T} \right) \right)_{V, \mu} + \mu \langle N \rangle \\
&= k_{\mathrm{B}} T^2 \left(\frac{\partial}{\partial T} \ln \Xi(T, V, \mu) \right)_{V, \mu} + \mu \langle N \rangle
\end{aligned} \tag{4.16}
$$

---

† 付録 A.1 の表 A.2 に示したクラマース関数 q は

$$
q = S - \frac{E}{T} + \frac{\mu N}{T}
$$

であるから，大分配関数は

$$
q = k_{\mathrm{B}} \ln \Xi(T, V, \mu)
$$

によってクラマース関数と関係づけられる．この対応関係は，ボルツマンの関係式 $S = k_{\mathrm{B}} \ln W$ と同じ形をしている．

のように表される．また，エントロピー S は

$$\begin{aligned} S &= -\left(\frac{\partial \mathcal{J}}{\partial T}\right)_{V,\mu} \\ &= k_\mathrm{B} \ln \Xi(T,V,\mu) + k_\mathrm{B} T \left(\frac{\partial \ln \Xi(T,V,\mu)}{\partial T}\right)_{V,\mu} \end{aligned} \quad (4.17)$$

と表される．

なお，粒子数の平均値 $\langle N \rangle$ は，(4.11) を用いて

$$\begin{aligned} \langle N \rangle &= \frac{\sum_N N z^N Z(T,V,N)}{\Xi(T,V,\mu)} = \frac{z \dfrac{\partial}{\partial z} \sum_N z^N Z(T,V,N)}{\Xi(T,V,\mu)} \\ &= z \left(\frac{\partial}{\partial z} \ln \Xi(T,V,\mu)\right)_{T,V} \end{aligned} \quad (4.18)$$

と表すこともできる．

4.1.2 局在した粒子系

2 準位系や調和振動子の集団のように局在した要素の系では，分配関数の定義には $1/N!$ の因子は現れず，また体積にも依存しないので，分配関数は $Z(T,V,N) = \{\phi(T)\}^N$ のように表される．したがって，(4.11) を用いて局在した粒子系の大分配関数を求めると

$$\Xi(T,V,\mu) = \sum_{N=0}^{\infty} \{z\,\phi(T)\}^N = \frac{1}{1 - z\,\phi(T)} \quad (4.19)$$

となり，(4.14) から $\mathcal{J}$ 関数は

$$\mathcal{J}(T,V,\mu) = k_\mathrm{B} T \ln\{1 - z\,\phi(T)\} \quad (4.20)$$

で与えられる．

前節で述べた手順に従って，$\mathcal{J}$ 関数から物理量を求めることができる．粒子数の平均値は (4.15) により

$$\langle N \rangle = -\left(\frac{\partial \mathcal{J}}{\partial \mu}\right)_{T,V} = -\left(\frac{\partial z}{\partial \mu}\right)_T \left(\frac{\partial \mathcal{J}}{\partial z}\right)_{T,V}$$

$$= \frac{z\,\phi(T)}{1 - z\,\phi(T)} \tag{4.21}$$

エネルギーの平均値は (4.16) により

$$\langle E \rangle = \frac{k_\mathrm{B} T^2 z \dfrac{d\phi(T)}{dT}}{1 - z\,\phi(T)} = \frac{\langle N \rangle k_\mathrm{B} T^2}{\phi(T)} \frac{d\phi(T)}{dT}$$

$$= \langle N \rangle k_\mathrm{B} T^2 \frac{d\ln \phi(T)}{dT} \tag{4.22}$$

さらに,ヘルムホルツの自由エネルギー,エントロピーはそれぞれ

$$A = \langle N \rangle k_\mathrm{B} T \ln z + k_\mathrm{B} T \ln\{1 - z\,\phi(T)\} \tag{4.23}$$

$$S = \frac{z k_\mathrm{B} T}{1 - z\,\phi(T)} \frac{d\phi(T)}{dT} - \langle N \rangle k_\mathrm{B} \ln z - k_\mathrm{B} \ln\{1 - z\,\phi(T)\} \tag{4.24}$$

で与えられる.右辺第 1 項は (4.21) から $\langle N \rangle k_\mathrm{B} T\, d\ln\phi/dT$ であり,また,

$$1 - z\,\phi(T) = \frac{1}{\langle N \rangle + 1} \simeq \frac{1}{\langle N \rangle} \tag{4.25}$$

であるから,

$$z = \frac{1}{\phi(T)} \tag{4.26}$$

と近似できる.したがって,ヘルムホルツの自由エネルギー,エントロピーは,$\ln N$ の大きさの程度の項を無視すれば

$$A \simeq -\langle N \rangle k_\mathrm{B} T \ln \phi(T) \tag{4.27}$$

$$S \simeq \langle N \rangle k_\mathrm{B} \left\{ \ln \phi(T) + T \frac{d}{dT} \ln \phi(T) \right\} \tag{4.28}$$

と表される.

2 準位系の例

例えば,2 準位系では分配関数が (3.11) で与えられるから

$$\phi(T) = \exp\left(-\frac{\varepsilon}{k_\mathrm{B} T}\right) + \exp\left(\frac{\varepsilon}{k_\mathrm{B} T}\right)$$

であり，大分配関数は

$$\Xi(T,\mu) = \sum_N z^N \left\{ \exp\left(-\frac{\varepsilon}{k_B T}\right) + \exp\left(\frac{\varepsilon}{k_B T}\right) \right\}^N$$
$$= \frac{1}{1 - 2z\cosh\left(\dfrac{\varepsilon}{k_B T}\right)} \tag{4.29}$$

で与えられる．(4.22) に従ってエネルギーの平均値を求めると

$$\langle E \rangle = -\langle N \rangle \varepsilon \tanh\left(\frac{\varepsilon}{k_B T}\right) \tag{4.30}$$

となり，(2.13) で得たものと一致する結果が導かれる．

調和振動子の系

量子力学に従う調和振動子の場合，(3.53) により

$$\phi(T) = \frac{1}{2\sinh\dfrac{\hbar\omega}{2k_B T}}$$

であり，温度 T，化学ポテンシャル μ の熱・粒子溜に接している場合の大分配関数は

$$\Xi(T,V,\mu) = \frac{1}{1 - \dfrac{z}{2}\text{cosech}\,\dfrac{\hbar\omega}{2k_B T}} \tag{4.31}$$

で与えられる．(4.22) に従ってエネルギーを求めると，3.5.2 で得た

$$\langle E \rangle = \frac{N\hbar\omega}{2}\coth\frac{\hbar\omega}{2k_B T} = \frac{N\hbar\omega}{2} + \frac{N\hbar\omega}{\exp\left(\dfrac{\hbar\omega}{k_B T}\right) - 1} \tag{4.32}$$

が再現される．

4.1.3 古典理想気体

体積 V の容器に入れられた古典理想気体を考えよう．気体分子の質量を m とし，容器は温度 T，化学ポテンシャル μ の熱・粒子溜に接しているものとする．容器内の粒子数が N であるとき，その分配関数 $Z(T,V,N)$ は，3.4 節で求めたように

$$Z(T,V,N) = \frac{\{V f(T)\}^N}{N!} \tag{4.33}$$

$$f(T) = \left(\frac{2\pi m k_\mathrm{B} T}{h^2}\right)^{3/2} \tag{4.34}$$

と表される.したがって,大分配関数は,$e^x = \sum_{n=0}(x^n/n!)$ を用いて,

$$\Xi(T,V,\mu) = \sum_N \frac{z^N \{V f(T)\}^N}{N!} = e^{zV f(T)} \tag{4.35}$$

と表すことができる.なお,気体分子に内部自由度がある場合は,$f(T)$ の表式が変わるだけである.

大分配関数から様々な物理量を再度求めてみよう.(4.14)を用いて $\mathcal{J}$ 関数を求めると

$$\mathcal{J}(T,V,\mu) = -k_\mathrm{B} T V z f(T) \tag{4.36}$$

となる.これより,

圧力:

$$P = -\left(\frac{\partial \mathcal{J}}{\partial V}\right)_{T,\mu} = k_\mathrm{B} T z f(T) \tag{4.37}$$

粒子数の平均値:

$$\langle N \rangle = -\left(\frac{\partial \mathcal{J}}{\partial \mu}\right)_{T,V} = V z f(T) \tag{4.38}$$

すなわち,

$$z = \frac{\langle N \rangle}{V f(T)} \tag{4.39}$$

を得る.

さらに,

エネルギーの平均値:

$$\langle E \rangle = -T^2 \left(\frac{\partial (\mathcal{J}/T)}{\partial T}\right)_{V,\mu} + \mu \langle N \rangle$$

$$= k_\mathrm{B} T^2 V \left\{ z \frac{df(T)}{dT} + \left(\frac{\partial z}{\partial T}\right)_\mu f(T) \right\} + \mu \langle N \rangle$$

$$= k_B T^2 V z \frac{df(T)}{dT} \tag{4.40}$$

ヘルムホルツの自由エネルギー：

$$A = \mathcal{J} + \mu \langle N \rangle = V z f(T)(\mu - k_B T)$$
$$= \langle N \rangle k_B T \left\{ \ln \frac{\langle N \rangle}{V f(T)} - 1 \right\} \tag{4.41}$$

エントロピー：

$$S = \frac{E - A}{T} = k_B z V \left\{ \frac{dT f(T)}{dT} - f(T) \ln z \right\} \tag{4.42}$$

を得る．

これらの式から z を消去すれば，状態方程式

$$PV = \langle N \rangle k_B T \tag{4.43}$$

$$\langle E \rangle = \langle N \rangle k_B T^2 \frac{d}{dT} \ln f(T) = \frac{3}{2} \langle N \rangle k_B T \tag{4.44}$$

が導かれ，グランドカノニカルアンサンブルの方法が正しいことがわかる．

4.1.4 昇華過程への応用

3.7.3 でみた温度 T における固体と気体の平衡，すなわち昇華過程を，グランドカノニカルアンサンブルに基づいて考察してみよう．分子は，固相と気相の間を自由に行き来できるので，両者の化学ポテンシャル，あるいは絶対活動度が等しいときに平衡状態になる．また，固相の体積は小さいので，気相の体積 V_g は全体の体積 V とほぼ等しい．ここでは，気相は理想気体と考え，固相の分子は調和振動子の集団と考えよう（図 4.2）．

気相にある分子数を N_g とすると，気相分子の絶対活動度 z_g は (4.39) より

$$z_g \simeq \frac{N_g}{V f(T)} \tag{4.45}$$

固相分子の絶対活動度 z_s は (4.26) より

$$z_s \simeq \frac{1}{\phi(T)} \tag{4.46}$$

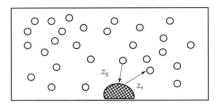

図 4.2 固体と気体の平衡．平衡状態では，固相にある分子の化学ポテンシャルと気相にある分子の化学ポテンシャルが等しい，すなわち，固相にある分子と気相にある分子の絶対活動度が等しい．

と近似できるので，平衡条件 $z_g = z_s$ から

$$\frac{N_g}{V} \simeq \frac{f(T)}{\phi(T)} \tag{4.47}$$

を得る．

(4.37) の気相の状態方程式 $P = k_B T z f(T)$ を用いると，3.7.3 で述べた

$$P = k_B T \frac{f(T)}{\phi(T)} \tag{4.48}$$

が導かれる．固相と気相が共存できるためには，

$$N > N_g \tag{4.49}$$

が必要であるから，

$$\frac{N}{V} > \frac{f(T)}{\phi(T)} \tag{4.50}$$

すなわち，T_c を $f(T_c)/\phi(T_c) = N/V$ で定義すると，$T < T_c$ のときのみ気体と固体が共存することになる．

4.2 T-P アンサンブル

熱・圧力溜に接した系の無数の集まりを T-P アンサンブルという．ここでは，そのようなアンサンブルの基本的な取り扱い方を解説する．

4.2.1 T-P 分配関数とギブスの自由エネルギー

ある系が熱・圧力溜と接して，熱および体積を自由に交換するものとしよ

4.2 T-P アンサンブル

う．熱・圧力溜によって系の温度と圧力は一定に保たれるが，系のエネルギーと体積は様々な値をとる．系のエネルギーが E_r，体積が V の状態にあるときに溜のもつエネルギー，体積をそれぞれ E'_r, V' とし，系と溜を合わせた全体は，外界から閉じているとする．この場合，系全体のエネルギー，体積は一定に保たれるから，エネルギーの和

$$E_r + E'_r = E^{(0)} \tag{4.51}$$

および体積の和

$$V + V' = V^{(0)} \tag{4.52}$$

は一定である．ここで，$|E_r/E^{(0)}| \ll 1$, $V/V^{(0)} \ll 1$ である．このとき，系のエネルギーと体積が変化するので，物理量の平均値を求めるためには，系があるエネルギーと体積をもつ確率が必要となる（図 4.3）．

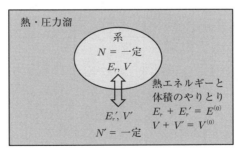

図 4.3 熱・圧力溜に接した系では，系の粒子数は一定に保たれるが，エネルギーと体積は溜とやりとりされる．このような系の無数の集まりが T-P アンサンブルである．

系のエネルギーが E_r，体積が V である確率を $p(E_r, V)$ としよう．3.1 節および 4.1.1 で述べたのと同様に，確率 $p(E_r, V)$ は溜の微視状態の数 $W'(E^{(0)} - E_r, V^{(0)} - V, N')$ と系の微視状態の数 $W(E_r, V, N)$ の積で与えられる全体の微視状態の数に比例すると考えられ，

$$p(E_r, V) \propto W'(E^{(0)} - E_r, V^{(0)} - V, N') W(E_r, V, N) \tag{4.53}$$

と表される．溜は系より遙かに大きいので $W(E_r, V, N) \ll W'(E^{(0)} - E_r, V^{(0)} - V, N')$ が成立し，

$$\ln p(E_r, V) \simeq \ln W'(E^{(0)} - E_r, V^{(0)} - V, N') \tag{4.54}$$

と近似できる．ここで，$|E_r/E^{(0)}| \ll 1, V/V^{(0)} \ll 1$ に注意して $\ln W'(E^{(0)} - E_r, V^{(0)} - V, N')$ を展開すると

$$\ln P(E_r, V) \simeq \ln W'(E^{(0)}, V^{(0)}, N')$$
$$+ \left.\frac{\partial \ln W'(E', V^{(0)}, N')}{\partial E'}\right|_{E'=E^{(0)}} (-E_r)$$
$$+ \left.\frac{\partial \ln W'(E^{(0)}, V', N')}{\partial V'}\right|_{V'=V^{(0)}} (-V) \tag{4.55}$$

となる．一方，$k_B \ln W'(E', V', N')$ は溜のエントロピーであるから，上式に現れた微分係数は，次式によって熱・圧力溜の温度と圧力に関係づけられる．

$$\left.\frac{\partial \ln W'(E', V^{(0)}, N')}{\partial E'}\right|_{E'=E^{(0)}} = \frac{1}{k_B T} \tag{4.56}$$

$$\left.\frac{\partial \ln W'(E^{(0)}, V', N')}{\partial V'}\right|_{V'=V^{(0)}} = \frac{P}{k_B T} \tag{4.57}$$

したがって，状態 E_r, V が出現する確率は (4.55) より

$$p(E_r, V) \propto \exp\left(-\frac{E_r}{k_B T} - \frac{PV}{k_B T}\right) \tag{4.58}$$

で与えられ，確率を $\sum_r \sum_V p(E_r, V) = 1$ となるように規格化すると

$$p(E_r, V) = \frac{\exp\left\{-\frac{1}{k_B T}(E_r + PV)\right\}}{Y(T, P, N)} \tag{4.59}$$

$$Y(T, P, N) = \sum_r \sum_V \exp\left\{-\frac{1}{k_B T}(E_r + PV)\right\} \tag{4.60}$$

を得る．この $Y(T, P, N)$ を **T-P 分配関数**とよぶ．

ところで，体積 V は連続変数であるから，体積の和は積分で表すべきである．そこで，離散的な和を連続変数の積分にするために体積の単位 v_0 を導入して，

$$\sum_V \cdots = \int_0^\infty \cdots \frac{dV}{v_0}$$

4.2 T-P アンサンブル

と考えると，

$$Y(T,P,N) = \int_0^\infty \sum_r \exp\left\{-\frac{1}{k_\mathrm{B}T}(E_r+PV)\right\}\frac{dV}{v_0} \quad (4.61)$$

$$= \int_0^\infty Z(T,V,N)\exp\left(-\frac{PV}{k_\mathrm{B}T}\right)\frac{dV}{v_0} \quad (4.62)$$

と表すことができる．すなわち，T-P 分配関数 $Y(T,P,N)$ は，分配関数 $Z(T,V,N)$ の V に関するラプラス変換になっていることがわかる．

$Y(T,P,N)$ の物理的な意味を探るために，(2.2) に従って系のエントロピー S を求めると

$$S = -k_\mathrm{B}\sum_r\sum_V p(E_r,V)\ln p(E_r,V)$$

$$= -k_\mathrm{B}\sum_r\sum_V p(E_r,N)\left\{-\frac{E_r+PV}{k_\mathrm{B}T}-\ln Y(T,P,N)\right\}$$

$$= \frac{\langle E\rangle + P\langle V\rangle + k_\mathrm{B}T\ln Y(T,P,N)}{T} \quad (4.63)$$

と表される．$\langle E\rangle$，$\langle V\rangle$ は，それぞれ観測される系のエネルギーの平均値と体積の平均値である．

一方，付録 A.1 の表 A.1 のギブスの自由エネルギー G の定義から

$$S = \frac{E+PV-G}{T} \quad (4.64)$$

であるから，(4.63) と比べて

$$G(T,P,N) = -k_\mathrm{B}T\ln Y(T,P,N) \quad (4.65)$$

という対応関係があることがわかる．ここで，この関係は v_0 の値とは関係なく成立し，また v_0 の実際の物理量への寄与は無視できることに注意しておく[†]．

[†] 付録 A.1 の表 A.2 に示したプランク関数 Φ は

$$\Phi = S - \frac{E}{T} - \frac{PV}{T}$$

であるから，大分配関数は

$$\Phi = k_\mathrm{B}\ln Y(T,P,N)$$

によってプランク関数と関係づけられる．この対応関係はボルツマンの関係式 $S = k_\mathrm{B}\ln W$ と同じ形をしている．

4.2.2 古典理想気体

3.4 節でみたように，温度 T，体積 V の容器に入れられた古典理想気体の分子（分子の質量 m）N 個の系の分配関数は，(3.31) より

$$Z(T,V,N) = \frac{V^N}{N!\,h^{3N}} (2\pi mk_{\mathrm{B}}T)^{3N/2} \tag{4.66}$$

であり，$T\text{-}P$ 分配関数は

$$\begin{aligned}
Y(T,P,N) &= \frac{(2\pi mk_{\mathrm{B}}T)^{3N/2}}{v_0 N!\,h^{3N}} \int_0^\infty V^N e^{-PV/k_{\mathrm{B}}T}\,dV \\
&= \frac{(2\pi mk_{\mathrm{B}}T)^{3N/2}}{v_0 h^{3N}} \left(\frac{k_{\mathrm{B}}T}{P}\right)^{N+1}
\end{aligned} \tag{4.67}$$

となる．したがって，(4.65) からギブスの自由エネルギーは

$$G(T,P,N) = -Nk_{\mathrm{B}}T \ln\left\{\left(\frac{2\pi mk_{\mathrm{B}}T}{h^2}\right)^{3/2} \frac{k_{\mathrm{B}}T}{P}\right\} \tag{4.68}$$

となる．ここで，十分小さい項 $\ln(k_{\mathrm{B}}T/Pv_0)$ を無視した．つまり，体積の単位として導入した v_0 は，熱力学量には直接影響を与えないことに注意してほしい．$G = \mu N$ に注意すれば，この結果は (3.35) と一致しており，$T\text{-}P$ アンサンブルの方法が正しいことを示している．

4.2.3 高分子の折れ尺モデル

高分子を，同じ長さの直線状の要素が互いに連結して折りたたまれているとみなすモデルを考えよう．具体的には，図 4.4(a) に示すような折れ尺を想像すればよい．ここではさらに単純化して，図 4.4(b) のように長さ l の要素が N 個互いに連結され，直線上に並んでいる系を考える．各要素は連結部分で回転できて，右にも左にも向けるものとする．両端には張力 X がかかり，系は温度 T に保たれているとする．すなわち，系は熱・張力溜に接しているとする．この系では長さが体積に対応し，張力が（負の）圧力に対応する．

いま，系の左端を原点にとり，系を x 軸上の正の方向に置くと，右端の位置が高分子の長さ L を表す．系の左端から順に要素を辿っていくと，それぞれの要素は右または左を向いている．右向きの要素の数を N_1，左向きの要素

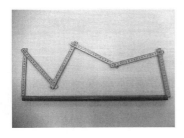

(a) 折れ尺　　　　　　　(b) 高分子のモデル

図 4.4

の数を N_2 とすると，全要素数 N と長さ L は N_1, N_2 を用いて

$$N = N_1 + N_2 \tag{4.69}$$

$$L = l(N_1 - N_2) \tag{4.70}$$

と表される．また，与えられた要素数 N と長さ L の下で

$$_N\mathrm{C}_{N_1} = \frac{N!}{N_1!\,N_2!} \tag{4.71}$$

個の状態が存在するので，張力が負の圧力に対応することに注意して T-P 分配関数を求めると，(4.60) より

$$
\begin{aligned}
Y(T, X, N) &= \sum_{N_1} \frac{N!}{N_1!\,N_2!} \exp\left(\frac{XL}{k_\mathrm{B}T}\right) \\
&= \sum_{N_1} \frac{N!}{N_1!\,N_2!} \exp\left\{\frac{Xl(N_1 - N_2)}{k_\mathrm{B}T}\right\} \\
&= \left\{\exp\left(\frac{Xl}{k_\mathrm{B}T}\right) + \exp\left(-\frac{Xl}{k_\mathrm{B}T}\right)\right\}^N
\end{aligned} \tag{4.72}
$$

を得る．

高分子の長さの平均値は

$$\langle L \rangle = \frac{\displaystyle\sum_{N_1} L \frac{N!}{N_1!\,N_2!} \exp\left(\frac{XL}{k_\mathrm{B}T}\right)}{Y(T, X, N)} = k_\mathrm{B}T \frac{\partial}{\partial X} \ln Y(T, X, N)$$

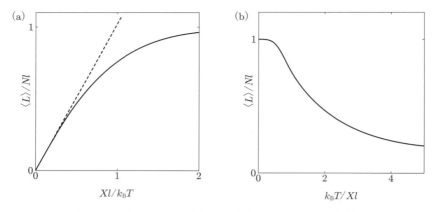

図 4.5 高分子の長さの張力依存性 (a), 温度依存性 (b). (a) の破線はフックの法則 (4.74) を表す.

$$= Nl \tanh \frac{Xl}{k_B T} \tag{4.73}$$

で与えられ, 図 4.5 に長さの張力依存性 (a), 温度依存性 (b) を示す. なお, 張力が小さいときは, $\tanh x \sim x$ の展開を用いると

$$\langle L \rangle = \frac{Nl^2}{k_B T} X \tag{4.74}$$

と表され, これはゴムなどでみられる, 張力が伸びに比例するというフックの法則を表す. また, 図 4.5(b) に示すように, 一定の張力に保たれたゴムを加熱すると短くなることが実験でも観測できる. **VL 8**

ギブスの自由エネルギー $G = -k_B T \ln Y(T, X, N)$ から, エントロピー S を求めることができる. (4.72) より

$$G(T, X, N) = -Nk_B T \ln \left\{ \exp\left(\frac{Xl}{k_B T}\right) + \exp\left(-\frac{Xl}{k_B T}\right) \right\} \tag{4.75}$$

であり, $S = -(\partial G/\partial T)_{X,N}$ (付録 A.1 の表 A.1 を参照) を用いると,

$$S = Nk_B \left\{ \ln\left(2\cosh\frac{Xl}{k_B T}\right) - \frac{Xl}{k_B T}\tanh\frac{Xl}{k_B T} \right\} \tag{4.76}$$

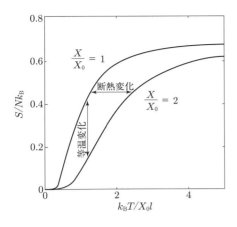

図 4.6 折れ尺モデルのエントロピーの温度依存性を 2 つの張力 $X/X_0 = 1, 2$ について示す．X_0 は張力の適当なスケールである．

が導かれる．

図 4.6 に，エントロピーの温度依存性を 2 つの張力の場合について示す．例えば，ゴム風船を急に引っ張る変化は，エントロピーが一定に保たれる断熱変化であり，温度が上昇することがわかる．このことから，逆に，伸びたゴム風船を急に縮めると温度が下がることが理解できる．

問 題

[1] エネルギーが $-\varepsilon$, 0, ε ($\varepsilon > 0$) のどれかの状態をとることができる要素の系が，温度 T，化学ポテンシャル μ の熱・要素溜（要素の出入りも考える）に接しているとし，各要素は区別できるものとする．

(1) 系の要素数が N のときの分配関数 $Z(T, N)$ を求めよ．

(2) 大分配関数 $\Xi(T, \mu) = \sum_{N=0}^{\infty} z^N Z(T, N)$ ($z = \exp(\mu/k_\mathrm{B} T)$) および $\mathcal{J}$ 関数を求めよ．

(3) 系の要素数の平均値およびエネルギーの平均値を求めよ．

[2] 地上から高さ z 付近に，水平方向 $L \times L$，鉛直方向 a ($a \ll L$) の領域を考える．領域内の分子を理想気体と仮定し，全体は温度 T に保たれているものとする．また，重力加速度の大きさ g は一定とし，分子の質量を m とする．

(1) この領域に N 個の理想気体分子があるときの分配関数 $Z(T, V, N)$ を求めよ．ただし，体積 V は $V = L^2 a$ で表される．

(2) この領域が化学ポテンシャル μ の粒子溜に接しているとき，この系の大分配関数 $\Xi(T, V, \mu)$ を求めよ．

(3) この領域における気体の圧力および粒子数の平均値を求めよ．

(4) 化学ポテンシャルが一定であることに注意して，圧力が $\exp(-mgz/k_\mathrm{B}T)$ に比例することを示せ．

[**3**] 吸着中心（気体分子が入ることのできる固体表面上の場所）を N 個もつ固体表面が，圧力 P，温度 T の理想気体（質量 m）に接している．各吸着中心には最大 1 個の分子が吸着でき，吸着した分子は $-\varepsilon$ だけ低いエネルギーをもつ．ただし，吸着した分子間には相互作用はないものとする．

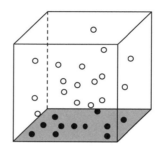

(1) N_1 個の分子が吸着しているときの分配関数 Z_{N_1} が

$$Z_{N_1} = \frac{N!}{N_1!(N-N_1)!} \exp\left(\frac{N_1 \varepsilon}{k_\mathrm{B}T}\right)$$

で与えられることを示せ．

(2) 絶対活動度を $z\ (\equiv \exp(\mu/k_\mathrm{B}T))$ として，大分配関数が

$$\Xi = \left\{1 + z \exp\left(\frac{\varepsilon}{k_\mathrm{B}T}\right)\right\}^N$$

で与えられることを示せ．

(3) 吸着されている分子数の平均値を求めよ．

(4) 理想気体の絶対活動度は，(3.35) より

$$z = \frac{P}{k_\mathrm{B}T}\left(\frac{h^2}{2\pi m k_\mathrm{B}T}\right)^{3/2}$$

で与えられる．これから，表面の被覆率（吸着されている吸着中心の割合）に対する**ラングミュアの吸着公式**

$$\frac{\langle N_1 \rangle}{N} = \frac{P}{P + P_0(T)}$$

を導き，$P_0(T)$ の表式を求めよ（$\{P_0(T)\}^{-1}$ は吸着平衡定数である）．

[4] グランドカノニカルアンサンブルにおいて，系の状態が (E_r, N) である確率 $p(E_r, N)$ は (4.8) で与えられる．

(1) 粒子数の平均値 $\langle N \rangle = \sum_N \sum_r N\, p(E_r, N)$ が

$$\langle N \rangle = k_\mathrm{B} T \frac{\partial}{\partial \mu} \ln \Xi(T, V, \mu)$$

と表されることを示せ．

(2) エネルギーの平均値 $\langle E \rangle = \sum_N \sum_r E_r\, p(E_r, N)$ が，

$$\langle E \rangle = k_\mathrm{B} T^2 \frac{\partial}{\partial T} \ln \Xi(T, V, \mu) + \mu \langle N \rangle$$

と表せることを示せ．

(3) 付録 A.1 の表 A.1 にある $\mathcal{J}$ 関数の定義から導かれる熱力学の公式

$$E = -T^2 \frac{\partial}{\partial T}\left(\frac{\mathcal{J}}{T}\right) + \mu N$$

と比較して，

$$\mathcal{J}(T, V, \mu) = -k_\mathrm{B} T \ln \Xi(T, V, \mu)$$

が矛盾のないことを示せ．

[5] 熱・粒子溜に接触した系では，系の粒子数が N である確率 P_N は

$$P_N = \frac{z^N Z(T, V, N)}{\Xi(T, V, \mu)}$$

で与えられる．

(1) 粒子数のゆらぎ $\langle \Delta N^2 \rangle \equiv \langle (N - \langle N \rangle)^2 \rangle$ が

$$\langle \Delta N^2 \rangle = k_\mathrm{B} T \left(\frac{\partial \langle N \rangle}{\partial \mu}\right)_{V, T}$$

で与えられることを示せ．

(2) 熱力学の関係式

$$\left(\frac{\partial N}{\partial \mu}\right)_{V, T} = -\frac{N^2}{V^2}\left(\frac{\partial V}{\partial P}\right)_{N, T}$$

および等温圧縮率の定義

$$\kappa_T = -\frac{1}{V}\left(\frac{\partial V}{\partial P}\right)_{N,T}$$

を用いて，粒子数のゆらぎの相対値 $\sqrt{\langle \Delta N^2 \rangle}/\langle N \rangle$ と圧縮率との関係を求めよ．

(3) エネルギーの平均値，エネルギーの2乗の平均値がそれぞれ

$$\langle E \rangle = -\frac{1}{\Xi}\left(\frac{\partial \Xi}{\partial \beta}\right)_{V,z}, \qquad \langle E^2 \rangle = \frac{1}{\Xi}\left(\frac{\partial^2 \Xi}{\partial \beta^2}\right)_{V,z}$$

で与えられることを示せ．ただし，$\beta = 1/k_B T$ とする．

(4) エネルギーのゆらぎが

$$\langle E^2 \rangle - \langle E \rangle^2 = k_B T^2 \left(\frac{\partial \langle E \rangle}{\partial T}\right)_{V,z}$$

で与えられることを示せ．

(5) グランドカノニカルアンサンブルのエネルギーのゆらぎが

$$\langle \Delta E^2 \rangle = k_B T^2 C_V + \langle \Delta N^2 \rangle \left(\frac{\partial E}{\partial N}\right)_{V,T}^2$$

で与えられることを示せ．

[6] ある長さをもつ N 個の要素が直線状に並んだ系がある．各要素は2つの状態 h, v をとれるものとし，状態 h では長さ l_h，エネルギー 0，状態 v では長さ l_v，エネルギー $\varepsilon (\varepsilon > 0)$ をもつとする．また，この系の両端には張力 X がかけられている，つまり，系は張力（圧力）溜に接しているとする．

(1) N 個のうち状態 h の要素の数を N_h，状態 v の要素の数を N_v とする ($N = N_h + N_v$)．このとき，可能な状態の数 $W(N_h, N_v)$ を求めよ．

(2) (1) の状態のエネルギーは $E(N_h, N_v) = \varepsilon N_v$ であり，系の長さは

$$L(N_h, N_v) = l_h N_h + l_v N_v$$

で与えられる．この状態が出現する確率は

$$\frac{W(N_h, N_v) \exp\left[-\frac{1}{k_B T}\{E(N_h, N_v) - X L(N_h, N_v)\}\right]}{Y(T, X, N)}$$

である．ただし，分配関数 $Y(T, X, N)$ は

$$Y(T, X, N) = \sum_{N_h=0}^{N} W(N_h, N_v) \exp\left[-\frac{1}{k_B T}\{E(N_h, N_v) - X L(N_h, N_v)\}\right]$$

で定義される．このとき，長さの平均値 $\langle L \rangle$ を分配関数 $Y(T, X, N)$ の導関数として表せ．

(3) 具体的に分配関数を求め，$\langle L \rangle$ を温度と張力の関数として表せ．

(4) (3)で得た関係を用いて，一定の張力のもとで $\langle L \rangle$ を温度の関数として図示せよ．ただし，$l_v = 0$ とし，さらに $H \equiv \varepsilon + X l_h = $ 一定 とする．図は適当にスケールして示せばよい．

[7] 鎖状高分子の簡単なモデルとして，長さ l の棒状分子が N 個つながった系を考える．隣り合う棒状分子は，互いに自由に回転できるようにつながっており，分子の運動エネルギーは無視できるものと仮定する．棒状分子に端から番号 $(i = 1, 2, \cdots, N)$ を付け，i 番目の分子の方向を，分子軸の極角 θ_i と方位角 ϕ_i で表す．

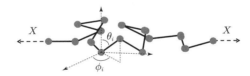

この系が温度 T，張力 X の熱・張力溜に接しているとすると，T-P (T-X) 分配関数は

$$Y(T, X, N) = \int_{-Nl}^{Nl} \exp\left(\frac{XL}{k_B T}\right) \Omega(L) \, dL$$

で与えられる．ここで，$\Omega(L)$ は，両端の距離が L と $L + \Delta L$ の間にある状態の数を表し，

$$\Omega(L) \, \Delta L = \int \cdots \int_{L \leq \sum_i l \cos\theta_i \leq L + \Delta L} \prod_{i=1}^{N} \sin\theta_i \, d\theta_i \, d\phi_i$$

で与えられる．

(1) T-P 分配関数が

$$Y(T,X,N) = \left\{ \frac{4\pi \sinh\left(\dfrac{Xl}{k_\mathrm{B}T}\right)}{\dfrac{Xl}{k_\mathrm{B}T}} \right\}^N$$

で与えられることを示せ.

(2) 鎖状高分子の長さの平均値 $\langle L \rangle$ が

$$\langle L \rangle = k_\mathrm{B} T \frac{\partial \ln Y}{\partial X} = N l \, \mathcal{L}\left(\frac{Xl}{k_\mathrm{B}T}\right)$$

で与えられることを示せ.ただし,$\mathcal{L}(x) \equiv \coth x - 1/x$ は第 3 章の問題 [9] で定義したランジュバン関数である.

(3) $\langle L \rangle$ を温度の関数として図示せよ.

[8] T-P アンサンブルでは,エネルギー E_r,体積 V の状態が出現する確率 $p(E_r,V)$ は (4.59) で与えられる.

(1) 体積の平均値 $\langle V \rangle = \sum_V \sum_r V p(E_r,V)$ が

$$\langle V \rangle = -k_\mathrm{B} T \left(\frac{\partial}{\partial P} \ln Y(T,P,N) \right)_{T,N}$$

で与えられることを示せ.

(2) エネルギーの平均値 $\langle E \rangle = \sum_V \sum_r E_r \, p(E_r,V)$ が

$$\langle E \rangle = T^2 \left(\frac{\partial k_\mathrm{B} \ln Y}{\partial T} \right)_{P,N} + TP \left(\frac{\partial k_\mathrm{B} \ln Y}{\partial P} \right)_{T,N}$$

で与えられることを示せ.

(3) 付録 A.1 の表 A.1 にあるギブスの自由エネルギーの定義から導かれる熱力学の公式(付録の問題 [1] の (2) を参照)

$$E = -T^2 \left(\frac{\partial G/T}{\partial T} \right)_{P,N} - TP \left(\frac{\partial G/T}{\partial P} \right)_{T,N}$$

と比較して,

$$G(T,P,N) = -k_\mathrm{B} T \ln Y(T,P,N)$$

という対応が矛盾のないことを示せ.

[9] T-P アンサンブルにおいて,体積のゆらぎを考える.

(1) 体積のゆらぎの 2 乗の平均 $\langle \Delta V^2 \rangle = \langle V^2 \rangle - \langle V \rangle^2$ が

$$\langle \Delta V^2 \rangle = -k_{\mathrm{B}} T \frac{\partial}{\partial P} \langle V \rangle = k_{\mathrm{B}} T \langle V \rangle \kappa_T$$

で与えられることを示せ．ただし，

$$\kappa_T = -\frac{1}{V} \left(\frac{\partial V}{\partial P} \right)_{T,N}$$

は，等温圧縮率である．

(2) 十分大きな巨視系では，体積の相対ゆらぎが無視できることを示せ．

<5>
ボース粒子とフェルミ粒子

　原子や電子などは，それがもつスピンの値によって2種類に分類できることが知られている．スピン角運動量の大きさを表す量子数が整数になるものを**ボース粒子**（ボソン），半整数になるものを**フェルミ粒子**（フェルミオン）という．これらの粒子の違いは，2個の粒子を交換したときに波動関数の符号が変わらないか，変わるかの違いであるが，その差によって粒子の統計性は決定的に異なってくる．

　本章では，ボース粒子とフェルミ粒子の基本的な取扱い方を解説する．

5.1　ボース粒子とフェルミ粒子

　シュレーディンガー表示の量子力学に従えば，物質を構成する粒子の状態は，粒子の座標を変数とする波動関数で表される．

　互いに相互作用しない2個の区別できない粒子からなる系を考えよう．粒子1がr_1，粒子2がr_2にある2粒子系の状態は，波動関数$\phi(r_1, r_2)$で表される．2つの粒子を交換した状態は$\phi(r_2, r_1)$で表されるが，2つの粒子が同種の粒子であれば状態は変化しないはずだから，2つの状態が出現する確率は等しいはずである．すなわち，確率を表す波動関数の2乗は互いに等しく，

$$|\phi(r_1, r_2)|^2 = |\phi(r_2, r_1)|^2 \tag{5.1}$$

が成立する．したがって，2つの粒子を交換した波動関数には絶対値が1となる$e^{i\theta_P}$（θ_Pは実数）の形の位相因子の差しか生じないはずであり，

$$\phi(r_1, r_2) = e^{i\theta_P} \phi(r_2, r_1) \tag{5.2}$$

と表すことができる．

　自然界に存在する粒子は，位相因子が$\theta_P = 0$または$\theta_P = \pi$のものに限

5.1 ボース粒子とフェルミ粒子

られることが知られている．前者は $\phi(\boldsymbol{r}_1, \boldsymbol{r}_2) = \phi(\boldsymbol{r}_2, \boldsymbol{r}_1)$ を満たすので粒子の交換に対して対称的であり，そのような粒子を**ボース粒子（ボソン）**という．後者は $\phi(\boldsymbol{r}_1, \boldsymbol{r}_2) = -\phi(\boldsymbol{r}_2, \boldsymbol{r}_1)$ を満たすので粒子の交換に対して反対称的であり，そのような粒子を**フェルミ粒子（フェルミオン）**という．ボース粒子は ^{4}He などの整数のスピンをもつ粒子であり，フェルミ粒子は電子や ^{3}He のように半整数のスピンをもつ粒子である．

1個の粒子のハミルトニアンを $\hat{h}(\boldsymbol{r})$ とすると，エネルギー固有値 ε_i の固有状態 i にある1個の粒子の波動関数 $\phi_i(\boldsymbol{r})$ は，シュレーディンガー方程式

$$\hat{h}(\boldsymbol{r}) \phi_i(\boldsymbol{r}) = \varepsilon_i \phi_i(\boldsymbol{r}) \tag{5.3}$$

を満たす．いま，相互作用のない2個の粒子系を考え，それぞれの粒子の位置を $\boldsymbol{r}_1$, $\boldsymbol{r}_2$ で表すと，2粒子系のハミルトニアンは

$$\hat{H}(\boldsymbol{r}_1, \boldsymbol{r}_2) = \hat{h}(\boldsymbol{r}_1) + \hat{h}(\boldsymbol{r}_2) \tag{5.4}$$

で与えられる．粒子1が状態 i に，粒子2が状態 j にある2粒子状態は

$$\phi_{i,j}(\boldsymbol{r}_1, \boldsymbol{r}_2) = \phi_i(\boldsymbol{r}_1) \phi_j(\boldsymbol{r}_2) \tag{5.5}$$

と表すことができ，そのエネルギーは $\varepsilon_i + \varepsilon_j$ である．このとき，シュレーディンガー方程式は

$$\hat{H}(\boldsymbol{r}_1, \boldsymbol{r}_2) \phi_{i,j}(\boldsymbol{r}_1, \boldsymbol{r}_2) = (\varepsilon_i + \varepsilon_j) \phi_{i,j}(\boldsymbol{r}_1, \boldsymbol{r}_2) \tag{5.6}$$

となる．

2個の粒子を交換しても同じ状態を表すためには，(5.5) と，その式で $\boldsymbol{r}_1$ と $\boldsymbol{r}_2$ を入れ替えた $\phi_{i,j}(\boldsymbol{r}_2, \boldsymbol{r}_1) = \phi_i(\boldsymbol{r}_2) \phi_j(\boldsymbol{r}_1)$ との線形結合として，状態を記述すればよい．このとき，上で述べた波動関数の対称性を満たすように線形結合をつくると，対称的な波動関数 $\phi^{\mathrm{S}}_{ij}(\boldsymbol{r}_1, \boldsymbol{r}_2)$ は

$$\phi^{\mathrm{S}}_{ij}(\boldsymbol{r}_1, \boldsymbol{r}_2) = \frac{1}{\sqrt{2}} \{\phi_i(\boldsymbol{r}_1) \phi_j(\boldsymbol{r}_2) + \phi_i(\boldsymbol{r}_2) \phi_j(\boldsymbol{r}_1)\} \tag{5.7}$$

と表される．一方，反対称的な波動関数 $\phi^{\mathrm{A}}_{ij}(\boldsymbol{r}_1, \boldsymbol{r}_2)$ は

$$\phi^{\mathrm{A}}_{ij}(\boldsymbol{r}_1, \boldsymbol{r}_2) = \frac{1}{\sqrt{2}} \{\phi_i(\boldsymbol{r}_1) \phi_j(\boldsymbol{r}_2) - \phi_i(\boldsymbol{r}_2) \phi_j(\boldsymbol{r}_1)\} \tag{5.8}$$

と表される．ここで，因子 $1/\sqrt{2}$ は，規格化

$$\iint |\phi_{i,j}(\boldsymbol{r}_1, \boldsymbol{r}_2)|^2 \, d\boldsymbol{r}_1 \, d\boldsymbol{r}_2 = 1$$

を満たすように選んだものである．いずれの場合も，2粒子系のエネルギーは

$$E = \varepsilon_i + \varepsilon_j \tag{5.9}$$

で与えられる．付録 F.4 に示すように，N 個の粒子の系についても，全く同様に対称的な波動関数と反対称的な波動関数を構成することができる．

反対称的な波動関数は，2つの粒子が同じ状態を占めるとき

$$\phi_{ii}^{\mathrm{A}}(\boldsymbol{r}_1, \boldsymbol{r}_2) = 0 \tag{5.10}$$

になるという特徴をもつ．この性質は粒子のもつ内部自由度（スピン）を考慮に入れても成立し，2つ以上のフェルミ粒子は同一の量子状態を占めることはできない．この性質を**パウリの排他原理**という．一方，ボース粒子では，そのような制限がない．したがって，同種の粒子からなる系において，粒子が同種フェルミ粒子か同種ボース粒子かによって系のとり得る状態が異なるので，分配関数も全く異なり，熱力学的性質も違ってくる．

2個の粒子の例

例として，2粒子の系を引き続き考察しよう．内部自由度をもたない2個の同種粒子が2つの1粒子状態 ε_1, ε_2 を占めるものとしよう．図 5.1(a) に示すように，フェルミ粒子の場合は，とり得る状態はそれぞれの状態に1個の粒子が入った場合のみであり，系のエネルギーは $\varepsilon_1 + \varepsilon_2$ となる．したがって，この系の分配関数は (3.15) より

$$Z_{\mathrm{F}}(T, V, N = 2) = \exp\left(-\frac{\varepsilon_1 + \varepsilon_2}{k_{\mathrm{B}} T}\right) \tag{5.11}$$

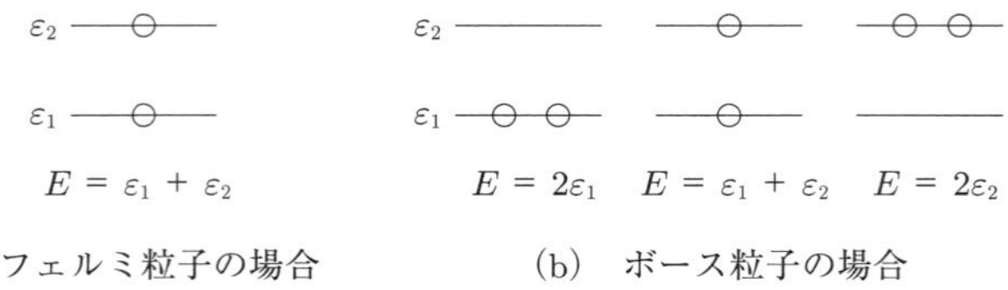

ε_2 ──○── ε_2 ────── ──○── ──○○──

ε_1 ──○── ε_1 ──○○── ──○── ──────

$\quad E = \varepsilon_1 + \varepsilon_2$ $\qquad E = 2\varepsilon_1 \quad E = \varepsilon_1 + \varepsilon_2 \quad E = 2\varepsilon_2$

(a) フェルミ粒子の場合　　(b) ボース粒子の場合

図 5.1 2つの状態に配置される2個の同種粒子がとり得る状態

となる.一方,内部自由度をもたない 2 個の同種のボース粒子の場合,系のとり得る状態は図 5.1(b) に示すようなエネルギー $2\varepsilon_1$, $\varepsilon_1+\varepsilon_2$, $2\varepsilon_2$ の 3 種類である.したがって,この系の分配関数は

$$Z_{\mathrm{B}}(T,V,N=2) = \exp\left(-\frac{2\varepsilon_1}{k_{\mathrm{B}}T}\right) + \exp\left(-\frac{\varepsilon_1+\varepsilon_2}{k_{\mathrm{B}}T}\right) + \exp\left(-\frac{2\varepsilon_2}{k_{\mathrm{B}}T}\right) \tag{5.12}$$

となる.

和の表し方

ここで,多粒子系を考えるときには,2 つの記述法があることに注意しておこう.1 つは,各粒子に着目し,その粒子の量子状態を指定する方法である.例えば (粒子 1 の状態, 粒子 2 の状態) として表すと,図 5.1(b) の 3 つの状態は,2 個の固有状態を 1, 2 とすれば $(1,1)$, $(1,2)$, $(2,2)$ と表すことができる.このとき互いの粒子は区別できないので,$(1,2)$, $(2,1)$ は同じ状態とみなさなければならない.

もう 1 つの記述法は,各状態に着目して,その状態に存在する粒子数を指定する方法である.例えば,(状態 1 にある粒子数, 状態 2 にある粒子数) として表すと,図 5.1(b) の 3 つの状態は,$(2,0)$, $(1,1)$, $(0,2)$ と表すことがで

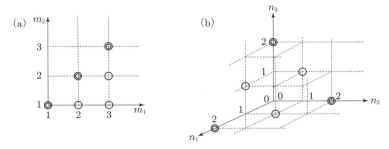

図 5.2 3 つの状態に 2 個の同種粒子が存在する場合の 2 つの記述法.いずれの場合も,○はフェルミ粒子の場合に可能な状態を表し,ボース粒子の場合は○で示した状態以外に◎で示した状態も可能になる.
(a) 各粒子の量子状態 m_1, m_2 を指定する方法
(b) 各状態に存在する粒子数 n_1, n_2, n_3 を指定する方法で,可能な状態は $n_1+n_2+n_3=2$ の平面上にある.

きる．一般に，状態 i に存在する粒子数を n_i とすると，n_i の組 $\{n_i\}$ で状態を指定することができる．このとき，$\sum_i n_i = N$（全粒子数）が満たされる．

図 5.2 に，3 つの状態に 2 個の同種粒子が存在する場合（章末の問題 [2] を参照）の 2 つの記述法を模式的に示す．(a) は第 1 の方法で，座標軸はそれぞれの粒子の量子数 m_1, m_2 である．(b) は第 2 の方法で，座標軸は各状態に存在する粒子数 n_1, n_2, n_3 であり，可能な状態は $\sum_i n_i = N$ を満たす平面上にある．ボース粒子とフェルミ粒子で許される状態が異なっていることが図からも明らかである．

5.2 ボース分布とフェルミ分布

N 個の粒子からなる系が，温度 T の熱溜と接しているものとしよう．系の状態は，前節で説明した第 2 の方法を用いて，各エネルギー状態を占めている粒子の数で表す．すなわち，エネルギー ε_k の 1 粒子固有状態を占める粒子の数を n_k とし，粒子数の組 $\{n_k\}$ によって状態を指定する．全粒子数は N であるから

$$N = \sum_k n_k \tag{5.13}$$

が満たされるので，可能な状態は $\{n_k\}$ を軸とする空間内の平面上の点として表せる（図 5.2(b) を参照）．また，この状態にある系の全エネルギーは

$$E(\{n_k\}) = \sum_k \varepsilon_k n_k \tag{5.14}$$

で与えられる．分配関数は，(3.15) の定義に従って

$$Z(T, V, N) = {\sum_{\{n_k\}}}' e^{-\beta E(\{n_k\})} = {\sum_{\{n_k\}}}' e^{-\beta \sum_k \varepsilon_k n_k} \tag{5.15}$$

で与えられる．ここで $\sum'$ は，粒子の性質によって異なった和のとり方になることを示す．実際，前節でみたように，ボース粒子系に対しては $\{n_k\}$ に対する制限はないが，フェルミ粒子系に対しては {すべての k について $n_k = 0$ または $n_k = 1$ を満たす組} についてのみ和をとることになる． **VL 9**

波動関数の対称性が問題にならない場合には，(5.15) の和を求めることが

5.2 ボース分布とフェルミ分布

できる．仮に N 個の異なる粒子を n_k 個の組に分ける場合の数は多項係数（付録 B.2 の (B.12) を参照）$N!/\prod_k n_k!$ で与えられ，それが微視状態の数となる．同一粒子の場合には，ギブスのパラドックスを避けるために $N!$ で割る必要があり，分配関数は

$$Z_{\mathrm{MB}}(T,V,N) = \frac{1}{N!} \sum_{\{n_k\},\sum_k n_k=N} \frac{N!}{\prod_k n_k!} e^{-\beta \sum_k \varepsilon_k n_k}$$

$$= \frac{1}{N!} \left(\sum_k e^{-\beta \varepsilon_k} \right)^N$$

$$= \frac{1}{N!} \{Z(T,V,1)\}^N \tag{5.16}$$

で与えられる．ここで多項定理（付録 B.2 を参照）を用いた．この表式は，3.4 節で得たものと同じ結果である．このような粒子を**古典粒子**とよび，古典粒子の従う統計を**マクスウェル-ボルツマン統計**という．(5.16) では，このことを分配関数にマクスウェルとボルツマンの頭文字 MB を付けて示した．

ボース粒子系やフェルミ粒子系については，(5.15) の和を実行できず，分配関数を簡単な表式で表すことはできない．しかし，系が熱・粒子溜に接している場合に必要となる大分配関数は具体的に求めることができる．大分配関数は (4.11) に従い，$z = e^{\beta \mu}$ として

$$\Xi(T,V,\mu) = \sum_{N=0}^{\infty} z^N Z(T,V,N) \tag{5.17}$$

で定義されるから，

$$\Xi(T,V,\mu) = \sum_{N=0}^{\infty} \sideset{}{'}\sum_{\{n_k\},\sum_k n_k=N} \prod_k \left(ze^{-\beta \varepsilon_k}\right)^{n_k}$$

$$= \sideset{}{'}\sum_{n_1} \sideset{}{'}\sum_{n_2} \cdots \prod_k \left(ze^{-\beta \varepsilon_k}\right)^{n_k}$$

$$= \prod_k \sideset{}{'}\sum_{n_k} \left(ze^{-\beta \varepsilon_k}\right)^{n_k} \tag{5.18}$$

と表される．ここで $\sideset{}{'}\sum_{n_k}$ は，ボース粒子のときは $n_k = 0, 1, 2, 3, \cdots$，フェルミ

粒子のときは $n_k = 0, 1$ の和を表す．具体的な計算は節を改めて行うことにして，もう少し一般的な考察を行っておこう．

4.1.1 に示したように，大分配関数から粒子数の平均値 $\langle N \rangle$，エネルギーの平均値 $\langle E \rangle$，各量子状態を占めている粒子数の平均値 $\langle n_k \rangle$ を求めることができる．

$$\langle N \rangle = z \left(\frac{\partial}{\partial z} \ln \Xi(T, V, \mu) \right)_{T,V} \tag{5.19}$$

$$\langle E \rangle = - \left(\frac{\partial}{\partial \beta} \ln \Xi(T, V, \mu) \right)_{V,z} \tag{5.20}$$

$$\langle n_k \rangle = \frac{\sum_{N=0}^{\infty} \sum_{\{n_k\}, \sum_k n_k = N}' n_k \prod_k \left(z e^{-\beta \varepsilon_k} \right)^{n_k}}{\Xi(T, V, \mu)}$$

$$= -\frac{1}{\beta} \left(\frac{\partial}{\partial \varepsilon_k} \ln \Xi(T, V, \mu) \right)_{T, z, \{\varepsilon_j\}} \tag{5.21}$$

ここで (5.21) の添字 $\{\varepsilon_j\}$ は，ε_k 以外のすべての $\{\varepsilon_j\}$ を一定に保つことを意味する．

古典粒子の場合，分配関数が (5.16) で与えられるので，大分配関数は 4.1.3 で議論したように

$$\Xi(T, V, \mu) = \exp \left(z \sum_k e^{-\beta \varepsilon_k} \right) \tag{5.22}$$

で与えられる．例えば，状態 k を占めている粒子数の平均値 $\langle n_k \rangle$ は

$$\langle n_k \rangle = z e^{-\beta \varepsilon_k} = e^{-\beta(\varepsilon_k - \mu)} \tag{5.23}$$

と表され，これは，すでにみた**ボルツマン分布**である（次頁の図 5.3 を参照）．

5.2.1 ボース分布関数

それぞれの 1 粒子状態を占める粒子数に制限のないボース粒子が従う統計を**ボース - アインシュタイン統計**という．この場合，(5.18) の和において n_k に対する制限はなく，また和と積の順序を入れ替えてもよい．n_k に関する和は，$z e^{-\beta \varepsilon_k}$ を公比とする無限等比級数になっており，付録 B.3 に示した公式を用いて

5.2 ボース分布とフェルミ分布

$$\Xi_{\mathrm{BE}}(T,V,\mu) = \prod_k \frac{1}{1-ze^{-\beta\varepsilon_k}} \tag{5.24}$$

を得る（BE は，ボースとアインシュタインの頭文字）．(4.14) より $\mathcal{J}$ 関数

$$\mathcal{J}(T,V,\mu) = \sum_k k_{\mathrm{B}} T \ln\left(1-ze^{-\beta\varepsilon_k}\right) \tag{5.25}$$

を得る．

また，(5.19)〜(5.21) を用いると，粒子数の平均値 $\langle N \rangle$，エネルギーの平均値 $\langle E \rangle$，各量子状態を占める粒子数の平均値 $\langle n_k \rangle$ を求めることができる．

$$\langle N \rangle = \sum_k \frac{1}{z^{-1}e^{\beta\varepsilon_k}-1} \tag{5.26}$$

$$\langle E \rangle = \sum_k \frac{\varepsilon_k}{z^{-1}e^{\beta\varepsilon_k}-1} \tag{5.27}$$

$$\langle n_k \rangle = \frac{1}{z^{-1}e^{\beta\varepsilon_k}-1} = \frac{1}{\exp\left(\dfrac{\varepsilon_k-\mu}{k_{\mathrm{B}}T}\right)-1} \tag{5.28}$$

各エネルギー準位にある粒子数の平均値を表す式 (5.28) を**ボース分布関数**という．図 5.3 に，$\langle n_k \rangle$ を $(\varepsilon_k - \mu)/k_{\mathrm{B}}T$ の関数として示す．

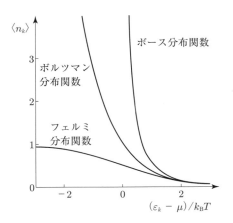

図 **5.3** 3種類の分布関数

5.2.2 フェルミ分布関数

それぞれの1粒子状態を占める粒子数が0または1個に限られるフェルミ

粒子が従う統計を**フェルミ - ディラック統計**という．この場合，(5.18) の和は $n_k = 0$, $n_k = 1$ についてとればよいので

$$\Xi_{\mathrm{FD}}(T, V, \mu) = \prod_k (1 + z e^{-\beta \varepsilon_k}) \tag{5.29}$$

となる（FD は，フェルミとディラックの頭文字）．(4.14) より $\mathcal{J}$ 関数

$$\mathcal{J}(T, V, \mu) = -\sum_k k_\mathrm{B} T \ln \left(1 + z e^{-\beta \varepsilon_k}\right) \tag{5.30}$$

を得る．

(5.19)〜(5.21) を用いると，粒子数の平均値 $\langle N \rangle$，エネルギーの平均値 $\langle E \rangle$，各量子状態を占める粒子数の平均値 $\langle n_k \rangle$ を求めることができる．

$$\langle N \rangle = \sum_k \frac{1}{z^{-1} e^{\beta \varepsilon_k} + 1} \tag{5.31}$$

$$\langle E \rangle = \sum_k \frac{\varepsilon_k}{z^{-1} e^{\beta \varepsilon_k} + 1} \tag{5.32}$$

$$\langle n_k \rangle = \frac{1}{z^{-1} e^{\beta \varepsilon_k} + 1} = \frac{1}{\exp\left(\dfrac{\varepsilon_k - \mu}{k_\mathrm{B} T}\right) + 1} \tag{5.33}$$

各エネルギー準位にある粒子数の平均値を表す式 (5.33) を**フェルミ分布関数**という（図 5.3 を参照）．

5.3 水素分子の回転比熱

粒子の統計性が端的に現れる現象の例として，水素分子の回転運動による比熱を考える．水素分子は，2 個の水素原子が共有結合してつくられている．水素原子の原子核はスピン 1/2 の陽子であり，フェルミ粒子である．したがって，分子が回転運動をしてちょうど 2 個の原子が交換された状態の波動関数は，もとの状態の波動関数と反対の符号をもたなければならない（付録 F.4 を参照）．

分子の全波動関数 $\Phi_{J,m}(\theta, \phi, s_1, s_2)$ は，回転状態を表す球面調和関数 $Y_{J,m}(\theta, \phi)$（付録 F.3 を参照）と，スピンの状態を表す波動関数 $S(s_1, s_2)$ の積で与えられる．

5.3 水素分子の回転比熱

$$\Phi_{J,m}(\theta,\phi,s_1,s_2) = Y_{J,m}(\theta,\phi)S(s_1,s_2)$$

ここで, θ, ϕ は分子軸の極角と方位角を表し, s_1, s_2 は, それぞれの原子の核スピンの z 成分を $\hbar$ を単位として表した量であり, 水素の場合, $1/2$ か $-1/2$ の値をもつ. 回転運動のエネルギー ε_{rot} は, 分子が剛体であるとし, 分子の慣性モーメントを I とすると,

$$\varepsilon_{\text{rot}} = \frac{\hbar^2}{2I}J(J+1) \tag{5.34}$$

で与えられ, 各エネルギー状態は, 角運動量の z 成分 $m\,(=J, J-1, \cdots, -J+1, -J)$ の値により $2J+1$ 重に縮退している.

原子を入れ替えた波動関数は, 極角を z 軸の負の向きから θ の角度 $\pi - \theta$ にとり, 方位角を π だけ回転した角度 $\pi + \phi$ にとればよいので,

$$\Phi_{J,m}(\pi-\theta,\pi+\phi,s_2,s_1) = -\Phi_{J,m}(\theta,\phi,s_1,s_2) \tag{5.35}$$

を満たさなければならない. 一方, 球面調和関数は,

$$Y_{J,m}(\pi-\theta,\pi+\phi) = (-1)^J Y_{J,m}(\theta,\phi)$$

を満たし, J が偶数か奇数かによって符号が変わる.

また, 2つの原子核のスピンの状態は, 2つのスピンの z 成分がともに $1/2$ である $S(1/2,1/2)$, ともに $-1/2$ である $S(-1/2,-1/2)$, およびそれぞれが $1/2$, $-1/2$ をもつ状態の対称的な線形結合 $(1/\sqrt{2})\{S(1/2,-1/2)+S(-1/2,1/2)\}$ の3種類の対称的な状態と, それぞれが $1/2$, $-1/2$ をもつ状態の反対称的な線形結合 $(1/\sqrt{2})\{S(1/2,-1/2)-S(-1/2,1/2)\}$ で表される1種類の反対称的な状態が存在する[†].

[†] 大きさ s_A の核スピン1個の波動関数を $v(s_z)$ とする. 2個のスピンの対称的な状態には, 両者が同じスピンをもつ $2s_A+1$ 個の状態

$$S(s_z,s_z) = v_1(s_z)v_2(s_z) \qquad (-s_A \leq s_z \leq s_A)$$

と, 異なったスピンをもつ $s_A(2s_A+1)$ 個の状態

$$S(s_z,s_z') = \frac{1}{\sqrt{2}}\{v_1(s_z)v_2(s_z') + v_1(s_z')v_2(s_z)\} \qquad (-s_A \leq s_z \neq s_z' \leq s_A)$$

がある.

一方, 反対称的な状態には $s_A(2s_A+1)$ 個の状態

$$S(s_z,s_z') = \frac{1}{\sqrt{2}}\{v_1(s_z)v_2(s_z') - v_1(s_z')v_2(s_z)\} \qquad (-s_A \leq s_z \neq s_z' \leq s_A)$$

が存在する.

水素分子の回転状態の波動関数が全体として反対称的であるためには，対称的な回転状態と反対称的な核スピン状態か，反対称的な回転状態と対称的な核スピン状態の組み合わせに限られる．したがって，(3.15) より水素分子 1 個の回転運動の分配関数は次式で与えられる，

$$j_{\text{rot-nu}}(T) = r_{\text{e}} + 3r_{\text{o}} \tag{5.36}$$

ただし，r_{e}, r_{o} は，それぞれ回転量子数 J が偶数のみ，奇数のみをとるときの回転分配関数

$$r_{\text{e}} = \sum_{J=\text{even}} (2J+1) \exp\left\{-J(J+1)\frac{\Theta_{\text{r}}}{T}\right\} \tag{5.37}$$

$$r_{\text{o}} = \sum_{J=\text{odd}} (2J+1) \exp\left\{-J(J+1)\frac{\Theta_{\text{r}}}{T}\right\} \tag{5.38}$$

である．ここで $\Theta_{\text{r}} = \hbar^2/2Ik_{\text{B}}$ は回転運動のエネルギーの単位を温度に換算した量であり，**回転定数**とよばれる．水素分子の場合，$\Theta_{\text{r}} \sim 88.5\,\text{K}$ である．

(5.36) の右辺の係数 1, 3 は，それぞれ核スピンの反対称的な状態と対称的な状態の数である．核スピンが対称的な状態の水素分子を**オルソ水素**とよび，反対称的な状態の水素分子を**パラ水素**とよぶ．これらの分子の個数の比 $n \equiv N_{\text{orth}}/N_{\text{para}}$ は，対応する分配関数の比で決まる．水素分子の場合，$N_{\text{orth}} \propto 3r_{\text{o}}$, $N_{\text{para}} \propto r_{\text{e}}$ であり，

$$n(T) = 3\frac{r_{\text{o}}}{r_{\text{e}}} \tag{5.39}$$

となる．高温の極限では $r_{\text{o}} = r_{\text{e}}$ であるから，

$$n(\infty) = 3$$

である．一方，低温の極限では $r_{\text{o}} \sim e^{-2\Theta_r/T}$, $r_{\text{e}} \sim 1$ であるから，

$$n(0) = 0 \tag{5.40}$$

である．すなわち，絶対零度においては，H_2 はすべてパラ水素となる．図 5.4 に，オルソ水素とパラ水素の存在比の温度依存性を示す．

水素分子 N 個からなる系の回転運動のヘルムホルツの自由エネルギーは，

$$A_{\text{nu-rot}}(T) = -k_{\text{B}} T \ln \frac{1}{N!} \left(2^2 r_{\text{ave}}\right)^N \tag{5.41}$$

5.3 水素分子の回転比熱

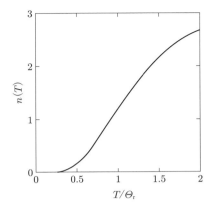

図 5.4 オルソ水素とパラ水素の存在比の温度依存性

ただし,

$$r_{\text{ave}} = \frac{1}{4}(r_{\text{e}} + 3r_{\text{o}}) \tag{5.42}$$

と表すことができる.すなわち,回転運動の分配関数 $r_{\text{e}}, r_{\text{o}}$ をスピン種の存在割合によって平均した分配関数 r_{ave} をもち,核スピンそれぞれが独立であるような分子の集団とみなすことができる.

このヘルムホルツの自由エネルギーから水素分子 N 個の系の回転運動のエネルギーを求めると

$$E = Nk_{\text{B}}T^2 \frac{1}{r_{\text{ave}}} \frac{\partial r_{\text{ave}}}{\partial T} \tag{5.43}$$

となり,さらに,このエネルギーを温度で微分することで回転運動による定積比熱を求めることができる.求めた定積比熱の温度依存性を図 5.5 の点線で示す.ここで得た結果が実験を再現しないのは,実際の実験では必ずしも平衡状態になっていないからである[†].

[†] この扱いでは,各分子がオルソ種とパラ種の間を自由に転換できると仮定し,その存在割合に応じて分配関数を平均したことになっている.この定式を**アニールド平均**とよぶ.図 5.5 に示すように,水素の気体で観測された比熱の温度依存性は,アニールド平均から求めたものとはかけ離れた振る舞いを示す.

この不一致は,スピン種の転換速度が遅いことに起因し,パラ水素とオルソ水素の割合が高温状態の値の 3/4 に保たれていると考えた平均(**クエンチド平均**)をとると,実験を再現できることが知られている(拙著:『統計力学』(裳華房)を参照).

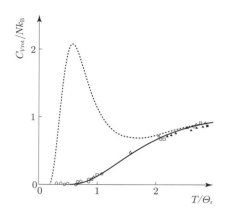

図 5.5 水素分子の回転定積比熱の温度依存性. 点線はアニールド平均の結果で, □ や △ などで示された実験値と一致しない. 実線で示したクエンチド平均によって求めた定積比熱は, 実験結果をよく説明できる.

問 題

[**1**] 2つの量子状態 ε_1, ε_2 のみをとる粒子 2 個からなる系がある. 系は温度 T に保たれているとする.

(1) 2 個の同種ボース粒子からなる場合, 2 個の同種フェルミ粒子からなる場合, 1 個のボース粒子と 1 個のフェルミ粒子からなる場合, それぞれについて分配関数を求めよ.

(2) (1) のそれぞれの場合について, 系のエネルギーおよび比熱を求めよ.

[**2**] 3つの量子状態 $-\varepsilon$, 0, ε のみをとる粒子 2 個からなる系がある. 系は温度 T に保たれているとする. 2 個の同種ボース粒子からなる場合, 2 個の同種フェルミ粒子からなる場合のそれぞれについて, 可能な状態を図で示し, 分配関数を求めよ.

[**3**] 温度 T に保たれている調和振動子型ポテンシャルの井戸に 2 個の粒子を閉じ込めると, 各粒子は $(n+1/2)\hbar\omega$ $(n=0,1,2,\cdots)$ のエネルギー状態をとり得る.

(1) 2 個の同種ボース粒子からなる場合, 2 個の同種フェルミ粒子からなる場合, 1 個のボース粒子と 1 個のフェルミ粒子からなる場合, それぞれについて分配関数を求めよ.

(2) (1) のそれぞれの場合について, 系のエネルギーおよび比熱を求めよ.

[4] 1つのエネルギー準位にある粒子数のゆらぎを次の手順に従って求めよ.

(1) 1つのエネルギー準位にある粒子数の平均値が

$$\langle n_k \rangle = -\frac{1}{\beta}\left(\frac{\partial}{\partial \varepsilon_k} \ln \Xi(T,V,\mu)\right)_{T,z,\{\varepsilon_j\}}$$

で与えられることを示せ.

(2) 1つのエネルギー準位にある粒子数の2乗の平均値が

$$\langle n_k^2 \rangle = \frac{1}{\Xi}\left(\frac{1}{\beta^2}\frac{\partial^2 \Xi}{\partial \varepsilon_k^2}\right)_{T,z,\{\varepsilon_j\}}$$

で与えられることを示せ.

(3) 統計の種類に関係なく

$$\frac{\langle n_k^2 \rangle - \langle n_k \rangle^2}{\langle n_k \rangle^2} = \frac{1}{\beta}\frac{\partial}{\partial \varepsilon_k}\frac{1}{\langle n_k \rangle} = \frac{e^{\beta \varepsilon_k}}{z}$$

が成り立つこと示せ.

(4) (3) の結果より

$$\langle n_k^2 \rangle - \langle n_k \rangle^2 = \langle n_k \rangle (1 \pm \langle n_k \rangle)$$

と表すことができることを示せ. ただし, ＋がボース-アインシュタイン統計, －がフェルミ-ディラック統計である.

[5] 温度 T に保たれた n 型半導体の N 個の不純物準位(エネルギー $\varepsilon < 0$)を n 個の電子が占有しているとする.

(1) 各不純物準位は, ＋スピン, －スピンをもつ電子で同時に占有されることが可能であり, 電子は＋スピン, －スピンをもつものがそれぞれ $n/2$ 個あるものとして, ヘルムホルツの自由エネルギーが

$$A = n\varepsilon + Nk_\mathrm{B}T\left\{\frac{2N-n}{N}\ln\left(\frac{2N-n}{2N}\right) + \frac{n}{N}\ln\left(\frac{n}{2N}\right)\right\}$$

で与えられること, したがって, 不純物準位の占有率が

$$\frac{n}{N} = \frac{2}{\exp\left(\dfrac{\varepsilon - \mu}{k_\mathrm{B}T}\right) + 1}$$

で与えられることを示せ.

(2) 実際の半導体では，同じ準位を占めた電子間にクーロン斥力がはたらき，1つの準位には1個の電子しか入れない．つまり，N 個の準位のうち n 個が電子で占有され，そのスピンは $+$，$-$ どちらでもなり得る．このとき，ヘルムホルツの自由エネルギーが

$$A = n\varepsilon + Nk_{\mathrm{B}}T\left\{\frac{N-n}{N}\ln\left(\frac{N-n}{N}\right) + \frac{n}{N}\ln\left(\frac{n}{2N}\right)\right\}$$

で与えられること，したがって，不純物準位の占有率が

$$\frac{n}{N} = \frac{1}{\frac{1}{2}\exp\left(\dfrac{\varepsilon - \mu}{k_{\mathrm{B}}T}\right) + 1}$$

で与えられることを示せ．

［6］ 重水素 D_2 気体について，スピン種が常に平衡状態にあるものとする．
(1) 量子論に基づいて，回転運動に関する分配関数の表式を示せ．
(2) オルソ重水素とパラ重水素の存在比の温度依存性を求めよ．
(3) 回転運動による定積比熱の温度依存性を求めよ．

［7］ 問題［6］において，スピン種間の遷移が十分遅いとすると，オルソ重水素とパラ重水素の存在比は高温の極限値のままに保たれる．このときの回転運動による定積比熱の温度依存性を求めよ．

<6>
理想ボース気体

スピン角運動量が整数の量子数で与えられるボース粒子は,ボース-アインシュタイン統計に従う.本章では,互いに相互作用しないボース粒子の集団の性質について詳しく解説する.ボース粒子は互いに相互作用をしない粒子であるが,ボース-アインシュタイン凝縮という相転移を示すことや,格子振動や空洞輻射について解説する.

6.1 ボース粒子系の基本公式

5.2.1 でみたように,相互作用のない理想ボース気体の粒子が,温度 T の熱溜に接している系を考える.このとき,エネルギー準位 ε_k に存在する粒子数の平均値は (5.28) のボース分布関数

$$\langle n_k \rangle = \frac{1}{z^{-1}\exp\left(\frac{\varepsilon_k}{k_\mathrm{B}T}\right) - 1} \tag{6.1}$$

で与えられる.ここで $z \equiv \exp(\mu/k_\mathrm{B}T)$ は絶対活動度であり,粒子数と

$$N = \sum_k \frac{1}{z^{-1}\exp\left(\frac{\varepsilon_k}{k_\mathrm{B}T}\right) - 1} \tag{6.2}$$

という関係で結ばれている.

また,この系のエネルギーは (5.27) より

$$E = \sum_k \frac{\varepsilon_k}{z^{-1}\exp\left(\frac{\varepsilon_k}{k_\mathrm{B}T}\right) - 1} \tag{6.3}$$

系の圧力は (5.25) より

6. 理想ボース気体

$$P = -\frac{\mathcal{J}}{V} = -\frac{k_B T}{V} \sum_k \ln\left\{1 - z\exp\left(-\frac{\varepsilon_k}{k_B T}\right)\right\} \tag{6.4}$$

で与えられる．

さらに，状態密度 $D(\varepsilon) = \sum_k \delta(\varepsilon - \varepsilon_k)$（付録 B.9 を参照）を用いると，(6.2)～(6.4) の粒子数 N，エネルギー E，圧力 P はそれぞれ

$$N = \int \frac{D(\varepsilon)}{z^{-1}\exp\left(\dfrac{\varepsilon}{k_B T}\right) - 1} d\varepsilon \tag{6.5}$$

$$E = \int \frac{\varepsilon D(\varepsilon)}{z^{-1}\exp\left(\dfrac{\varepsilon}{k_B T}\right) - 1} d\varepsilon \tag{6.6}$$

$$P = -\frac{k_B T}{V} \int D(\varepsilon) \ln\left\{1 - z\exp\left(-\frac{\varepsilon}{k_B T}\right)\right\} d\varepsilon \tag{6.7}$$

と表すことができる．

ここで，粒子が体積 V の立方体の容器に入っているとすると，状態密度は付録 F.2 の (F.13) で与えられるから，

$$D(\varepsilon) = 2\pi V \left(\frac{2m}{h^2}\right)^{3/2} \varepsilon^{1/2} \tag{6.8}$$

と表せる．以下，簡単のために粒子の内部自由度による縮退（同じエネルギーをもち，かついくつかの異なる内部状態をもつこと）はないものと仮定する．

さて，ここから先に進める上で重要な問題がある．エネルギー $\varepsilon = 0$ の状態は，付録 F.2 の (F.10)，(F.11) より $k_x = k_y = k_z = 0$ の状態を表すので，この状態は確実に存在するが，状態密度 (6.8) では $D(0) = 0$ であり，$\varepsilon = 0$ の状態は物理量に寄与しないことになる．しかし，ボース粒子の場合，1 つの状態に多くの粒子が入ることも可能である．したがって，$\varepsilon = 0$ の状態の寄与を別に求め，その寄与が粒子数 N と同程度である場合には無視できないので，あからさまに考慮に入れる必要が生じる．そこで，(6.5)，(6.7) において，$\varepsilon = 0$ の項をあらわに書いて

$$\frac{N}{V} = 2\pi \left(\frac{2m}{h^2}\right)^{3/2} \int_0^\infty \frac{\varepsilon^{1/2}}{z^{-1}\exp\left(\dfrac{\varepsilon}{k_B T}\right) - 1} d\varepsilon + \frac{1}{V}\frac{z}{1-z} \tag{6.9}$$

$$\frac{P}{k_{\mathrm{B}}T} = -2\pi \left(\frac{2m}{h^2}\right)^{3/2} \int_0^\infty \varepsilon^{1/2} \ln\left\{1 - z\exp\left(\frac{-\varepsilon}{k_{\mathrm{B}}T}\right)\right\} d\varepsilon - \frac{1}{V}\ln(1-z) \tag{6.10}$$

と表すことにする．これらの式の右辺第2項は，それぞれ(6.2), (6.4)の右辺の和の中の $k = 0$ の項である．

(6.9)の右辺第2項で $z/(1-z) = N_0$ とおき，積分変数を ε から $x = \varepsilon/k_{\mathrm{B}}T$ に変えると，(6.9)は

$$\frac{N - N_0}{V} = 2\pi \left(\frac{2m}{h^2}\right)^{3/2} \int_0^\infty \frac{\varepsilon^{1/2}}{z^{-1}\exp\left(\dfrac{\varepsilon}{k_{\mathrm{B}}T}\right) - 1}\, d\varepsilon$$

$$= \frac{1}{\lambda_T^3} \frac{2}{\sqrt{\pi}} \int_0^\infty \frac{x^{1/2}}{z^{-1}e^x - 1}\, dx \tag{6.11}$$

と表すことができる．ここで導入した $\lambda_T\, (= h/\sqrt{2\pi m k_{\mathrm{B}}T})$ は，**ド・ブロイ波長**とよばれる量である．

表記を見やすくし，また式変形の見通しをよくするために，**ボース-アインシュタイン積分**

$$b_n(z) = \frac{1}{\Gamma(n)} \int_0^\infty \frac{x^{n-1}}{z^{-1}e^x - 1}\, dx \tag{6.12}$$

を定義 (付録Gを参照, $\Gamma(n)$ はガンマ関数) すると, (6.11)は $\Gamma(3/2) = \sqrt{\pi}/2$ (付録B.1の(B.5)) に注意すれば

$$\frac{N - N_0}{V} = \frac{1}{\lambda_T^3} b_{3/2}(z) \tag{6.13}$$

と表すことができる．ここで，$\varepsilon = 0$ の状態を占める粒子数 N_0 と z の関係を考えてみると，定義式 $N_0 = z/(1-z)$ を z について解けば

$$z = \frac{N_0}{N_0 + 1} \leq 1 \tag{6.14}$$

であるから，

$$1 - z = \frac{1}{N_0 + 1} \tag{6.15}$$

となり，$0 \leq z = \exp(\mu/k_{\mathrm{B}}T) \leq 1$ であるから，$\mu \leq 0$ でなければならない．

(6.10) の右辺第 2 項は，その中の $1-z$ に (6.15) を代入すると

$$\frac{1}{V}\ln(1-z) = \frac{\ln(N_0+1)}{V}$$

となり，体積 V が大きい巨視的な系では無視できることがわかる．つまり，系の圧力は (6.10) の右辺第 1 項の積分で与えられる．そこで，(6.10) で積分の変数を $x = \varepsilon/k_{\mathrm{B}}T$ に変更し，さらに，一度部分積分すれば

$$\begin{aligned}\frac{P}{k_{\mathrm{B}}T} &= -2\pi\left(\frac{2mk_{\mathrm{B}}T}{h^2}\right)^{3/2}\int_0^\infty x^{1/2}\ln(1-ze^{-x})\,dx \\ &= -2\pi\left(\frac{2mk_{\mathrm{B}}T}{h^2}\right)^{3/2}\left\{\frac{2}{3}x^{3/2}\ln(1-ze^{-x})\Big|_0^\infty - \int_0^\infty \frac{2}{3}\frac{x^{3/2}}{z^{-1}e^x-1}\,dx\right\} \\ &= \frac{1}{\lambda_T^3}b_{5/2}(z) \hspace{5em} (6.16)\end{aligned}$$

と表すことができる．

(6.6) から，系の内部エネルギーは

$$\begin{aligned}E &= 2\pi\left(\frac{2m}{h^2}\right)^{3/2}V\int_0^\infty \frac{\varepsilon^{3/2}}{z^{-1}\exp\left(\frac{\varepsilon}{k_{\mathrm{B}}T}\right)-1}\,d\varepsilon \\ &= \frac{3k_{\mathrm{B}}TV}{2}\left(\frac{2\pi mk_{\mathrm{B}}T}{h^2}\right)^{3/2}\frac{1}{\Gamma(5/2)}\int_0^\infty \frac{x^{3/2}}{z^{-1}e^x-1}\,dx \\ &= \frac{3k_{\mathrm{B}}TV}{2\lambda_T^3}b_{5/2}(z) \hspace{5em} (6.17)\end{aligned}$$

と表される．したがって，理想ボース気体の内部エネルギーは，(6.16) と比較して，

$$E = \frac{3}{2}PV \hspace{5em} (6.18)$$

と表せることがわかる．

6.2 高温の極限における性質

高温の極限では $\lambda_T^3 N/V = \{h^3/(2\pi mk_{\mathrm{B}}T)^{3/2}\}(N/V) \ll 1$ であり，以下でみるように，これは $z \ll 1$ に対応する．$z \ll 1$ として (6.12) の $b_n(z)$ を

展開すると

$$b_n(z) = \frac{1}{\Gamma(n)} \int_0^\infty \frac{x^{n-1}}{z^{-1}e^x - 1} dx$$

$$= \frac{1}{\Gamma(n)} \int_0^\infty \frac{x^{n-1} z e^{-x}}{1 - z e^{-x}} dx = \frac{1}{\Gamma(n)} \int_0^\infty \sum_{l=1}^\infty z^l x^{n-1} e^{-lx} dx$$

$$= \sum_{l=1}^\infty \frac{z^l}{l^n} \tag{6.19}$$

となる.さらに $N_0 \sim z \ll 1$ だから,(6.13) で N_0 を無視して $l=1$ の項のみをとると

$$\lambda_T^3 \frac{N}{V} \simeq z \tag{6.20}$$

すなわち,

$$z \simeq \frac{h^3}{(2\pi m k_B T)^{3/2}} \frac{N}{V} \tag{6.21}$$

を得る.これより,$z \ll 1$ が $T \sim \infty$ に対応することがわかる.

したがって,高温の極限において理想ボース気体の圧力 P,エネルギー E,定積比熱 C_V は

$$P = \frac{N k_B T}{V} \tag{6.22}$$

$$E = \frac{3}{2} N k_B T \tag{6.23}$$

$$C_V = \frac{3}{2} N k_B \tag{6.24}$$

となり,高温の極限では古典理想気体と同じ振る舞いを示すことがわかる.

6.3 低温における振る舞いとボース-アインシュタイン凝縮

絶対活動度 z は,(6.9) の積分項をボース-アインシュタイン積分を用いて表した

$$N = \frac{V}{\lambda_T^3} b_{3/2}(z) + \frac{z}{1-z} \tag{6.25}$$

から,T,V,N の関数として決定される.右辺第 2 項は $\varepsilon = 0$ の状態にある粒子数,第 1 項は $\varepsilon > 0$ の状態にある粒子数を表していることに注意して

おこう．ここで，付録 G に示すように，z の定義域で $b_n(z)$ は z の単調増加関数であり，

$$b_n(z) \leq b_n(1) \tag{6.26}$$

が成立し，$n = 3/2$ に対しては，ツェータ関数 $\zeta(n)$ を用いて

$$b_{3/2}(z) \leq b_{3/2}(1) = \zeta(3/2) \simeq 2.612381\cdots \tag{6.27}$$

が成立する．

したがって，絶対活動度 z に対する (6.25) の λ_T にその定義式を代入して

$$1 = \left(\frac{2\pi m k_B}{h^2}\right)^{3/2} \frac{V\zeta(3/2)}{N} T^{3/2} \frac{b_{3/2}(z)}{\zeta(3/2)} + \frac{1}{N}\frac{z}{1-z} \tag{6.28}$$

と変形し，さらに

$$T_c = \frac{h^2}{2\pi m k_B}\left\{\frac{N}{\zeta(3/2)V}\right\}^{2/3} \tag{6.29}$$

を定義すると，絶対活動度 z は

$$1 = \left(\frac{T}{T_c}\right)^{3/2} \frac{b_{3/2}(z)}{\zeta(3/2)} + \frac{1}{N}\frac{z}{1-z} \tag{6.30}$$

から決めることができる．

この式の右辺第 1 項は z の単調増加関数であり，$z = 1$ のときに最大値 $(T/T_c)^{3/2}$ をとる．また，粒子数 N はアボガドロ数 6.02×10^{23} 程度の量であるから，右辺はおよそ図 6.1 のように振る舞う．

図 6.1 からわかるように，$T > T_c$ のときは $0 \leq z < 1$ の解があり，そのときは (6.30) の第 2 項は N が十分大きいので無視できる．また，$T < T_c$ のときの解は $z = 1$ に極めて近く，第 1 項と第 2 項は同程度の大きさとなる．(6.25) で示したように，$z/(1-z)$ は $\varepsilon = 0$ の状態にある粒子数を表すから，$T = T_c$ で $\varepsilon = 0$ の状態にある粒子数 N_0 が急激に大きくなり始める．

高温の状態から温度を下げたときに T_c を境いにして起こるこの転移を**ボース-アインシュタイン凝縮**という．1995 年にこの転移が実際に ^{87}Rb (Anderson ら)，^{23}Na (Davis ら)，^{7}Li (Bradley ら) で起こることが実験で初めて確かめられた．

VL 10

6.3 低温における振る舞いとボース-アインシュタイン凝縮

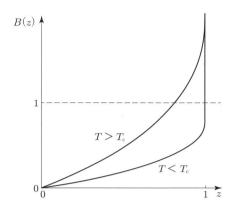

図 **6.1** (6.30) の右辺を z の関数として示す．絶対活動度は，関数の値が 1 となる z の値として決められる．

様々な物理量の振る舞い

T_c の上下における様々な物理量の振る舞いを求めることにしよう．

(1) 励起状態，基底状態を占める粒子数

励起状態 ($\varepsilon > 0$) の粒子数 N_e は，(6.25) の右辺第 1 項で与えられるから，$T > T_c$ のときは $N_e \sim N$ である．$T \leq T_c$ のときは，$z = 1$ であるから $N_e = V\zeta(3/2)/\lambda_T^3 = (T/T_c)^{3/2}$ であり，まとめると

$$\frac{N_e}{N} = \begin{cases} 1 & (T > T_c \text{ のとき}) \\ \left(\dfrac{T}{T_c}\right)^{3/2} & (T \leq T_c \text{ のとき}) \end{cases} \quad (6.31)$$

と表される．また，基底状態 ($\varepsilon = 0$) の粒子数 N_0 は $N_0 = N - N_e$ で与えられるから

$$\frac{N_0}{N} = \begin{cases} O\left(\dfrac{1}{N}\right) & (T > T_c \text{ のとき}) \\ 1 - \left(\dfrac{T}{T_c}\right)^{3/2} & (T \leq T_c \text{ のとき}) \end{cases} \quad (6.32)$$

と表される．ここで，O は大きさの程度（オーダー）を表す．図 6.2 に N_e と N_0 の温度依存性を示す．

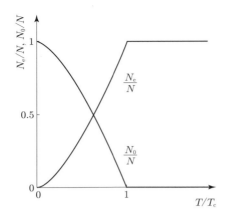

図 6.2 基底状態および励起状態を占める粒子数の温度依存性

(2) 状態方程式

理想ボース気体の状態方程式は (6.16) から求めることができる.$T \leq T_c$ のときは $z \simeq 1$ であるから,$b_{5/2}(1) = \zeta(5/2)$ に注意して

$$P = \frac{k_B T}{\lambda_T^3} \zeta\left(\frac{5}{2}\right) \propto T^{5/2} \tag{6.33}$$

を得る.(6.33) の右辺に T_c の定義式 (6.29) と N_e の表式 (6.31) を用いると,

$$P = \frac{\zeta(5/2)}{\zeta(3/2)} N \left(\frac{T}{T_c}\right)^{3/2} \frac{k_B T}{V} \tag{6.34}$$

$$= \frac{\zeta(5/2)}{\zeta(3/2)} \frac{N_e k_B T}{V} \simeq 0.5134 \frac{N_e k_B T}{V} \tag{6.35}$$

と表される.したがって,基底状態に凝縮した粒子は圧力には寄与せず,さらに,励起状態にある粒子も古典理想気体の場合に比べておよそ半分の寄与しかしないことがわかる.

$T > T_c$ のときは,(6.15) より

$$P = \frac{k_B T}{\lambda_T^3} b_{5/2}(z) \tag{6.36}$$

および (6.13) で $N_0 = 0$ とした

$$\frac{N}{V} = \frac{1}{\lambda_T^3} b_{3/2}(z) \tag{6.37}$$

であるから,これらの式から z を消去すれば状態方程式が求められる.図 6.3

6.3 低温における振る舞いとボース-アインシュタイン凝縮

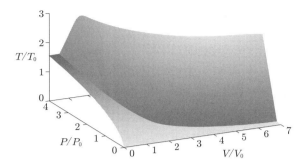

図 6.3 理想ボース気体の状態方程式の図．ただし，
$P_0 V_0 = \frac{\zeta(5/2)}{\zeta(3/2)} N k_B T_0$, $P_0 = (k_B T_0)^{5/2} \left(\frac{2\pi m}{h^2}\right)^{3/2} \zeta\left(\frac{5}{2}\right)$.

に，T を P, V の関数として 3 次元的にプロットした状態方程式を示す．

(3) エネルギーと定積比熱

理想ボース気体のエネルギーは (6.18) より $E = 3PV/2$ で与えられるので，すでに得た状態方程式からエネルギーの温度依存性が求まる．定積比熱は，エネルギーを温度で微分して

$$C_V = \left(\frac{\partial E}{\partial T}\right)_{V,N} = \frac{3}{2}\left(\frac{\partial PV}{\partial T}\right)_{V,N} \tag{6.38}$$

で与えられる．

$T \leq T_c$ のときは，(6.34) を用いて

$$C_V = \frac{3}{2}\frac{\zeta(5/2)}{\zeta(3/2)}\frac{Nk_B}{T_c^{3/2}}\left(\frac{\partial T^{5/2}}{\partial T}\right)_{N,V} = Nk_B \frac{15\zeta(5/2)}{4\zeta(3/2)}\left(\frac{T}{T_c}\right)^{3/2} \tag{6.39}$$

であり，$T = T_c$ のときは，$C_V/Nk_B = 15\zeta(5/2)/4\zeta(3/2) \simeq 1.925$ である．

$T > T_c$ のときは，

$$\frac{C_V}{Nk_B} = \left(\frac{\partial}{\partial T}\frac{3T}{2}\frac{b_{5/2}(z)}{b_{3/2}(z)}\right)_{V,N} = \frac{15b_{5/2}(z)}{4b_{3/2}(z)} - \frac{9b_{3/2}(z)}{4b_{1/2}(z)} \tag{6.40}$$

で与えられる．ここで，付録 G に示した

$$z\frac{\partial}{\partial z}b_n(z) = b_{n-1}(z)$$

および
$$\frac{\partial z}{\partial T} = -\frac{3}{2}\frac{z}{T}\frac{b_{3/2}(z)}{b_{1/2}(z)}$$

を用いた. $b_{1/2}(1) = \infty$ に注意すれば, $T \to T_c + 0$ のときも $C_V/Nk_B = 15\zeta(5/2)/4\zeta(3/2)$ が示されるから, C_V は $T = T_c$ において連続である. 高温の極限では $z = 0$ であり, C_V/Nk_B は古典理想気体の値 $3/2$ に近づく.

理想ボース気体のエネルギーおよび定積比熱の温度依存性を図 6.4 に示す. 図から, C_V の $T = T_c$ ($T/T_c = 1$) における微分係数が不連続になっており, C_V の温度依存性の図は $T = T_c$ において折れ曲がることがわかる.

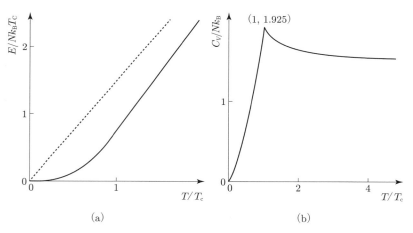

図 6.4 理想ボース気体のエネルギー (a) および定積比熱 (b) の温度依存性

6.4 空洞輻射

容器の中に閉じ込められた電磁波は, 容器の内壁による吸収と輻射によって, 熱平衡状態となる. 電磁波は, 固有振動の重ね合わせとして表すことができて, s ($s = 0, 1, 2, \cdots$) 番目の固有振動の角振動数を ω_s, その固有振動の量子数を n_s とすると, 零点振動の寄与を除いた電磁波のエネルギーは

$$E = \sum_s n_s \hbar \omega_s \qquad (6.41)$$

で与えられる.

6.4 空洞輻射

第3章で述べたように，閉じた容器が温度 T に保たれている場合，エネルギー E の状態が出現する確率はボルツマン因子 $\exp(-E/k_\mathrm{B}T)$ に比例するから，量子数 n_s の平均値は

$$\langle n_s \rangle = \frac{\displaystyle\sum_{\{n_s\}=0}^{\infty} n_s \exp\left(-\sum_s \frac{n_s \hbar \omega_s}{k_\mathrm{B}T}\right)}{\displaystyle\sum_{\{n_s\}=0}^{\infty} \exp\left(-\sum_s \frac{n_s \hbar \omega_s}{k_\mathrm{B}T}\right)}$$

$$= \frac{\displaystyle\sum_{n_s=0}^{\infty} n_s \exp\left(-\frac{n_s \hbar \omega_s}{k_\mathrm{B}T}\right)}{\displaystyle\sum_{n_s=0}^{\infty} \exp\left(-\frac{n_s \hbar \omega_s}{k_\mathrm{B}T}\right)}$$

$$= \frac{1}{\exp\left(\dfrac{\hbar \omega_s}{k_\mathrm{B}T}\right) - 1} \tag{6.42}$$

で与えられる．ただし，各固有振動についての和が独立であることを用いた．

量子数 n_s を角振動数 ω_s をもつ光子の個数とみなすと，(6.42) は角振動数 ω_s をもつ光子の分布関数が，化学ポテンシャル $\mu=0$ のボース分布に従うことを示している．化学ポテンシャルがゼロとなるのは，光子の数が一定という制限がないからである．

空洞輻射の振動数分布は，壁に開けられた小さな穴から漏れ出る電磁波のエネルギー密度として測定される．まず，$L \times L \times L$ の立方体容器を考え，周期境界条件をおくと，許される波数は，各軸方向について $2\pi/L$ の整数倍となることに注意する．したがって，波数空間において $(2\pi/L)^3 = 8\pi^3/V$ ごとに1つの状態が存在するので，状態密度は $V/8\pi^3$ である．さらに，電磁波には進行方向に垂直な2つの方向に振動することが可能（偏りという）であるから，電磁波の状態密度は $(V/8\pi^3) \times 2 = V/4\pi^3$ である．また，電磁波の分散関係は $\omega = ck$（ただし，c は光速，k は波数）で与えられるから，ω と $\omega + d\omega$ の間にある単位体積当たりの状態数は，対応する波数が k と $k+dk$ の間にある状態数 $4\pi k^2 dk \times V/4\pi^2$ を変形して

で与えられる．ここで $D(\omega)$ は電磁波の状態密度である．

$$\frac{1}{V}D(\omega)\,d\omega = \frac{1}{V}\frac{V}{4\pi^3}\frac{4\pi k^2\,dk}{d\omega}\,d\omega = \frac{\omega^2}{\pi^2 c^3}\,d\omega$$

したがって，同じ領域にある電磁波のエネルギー密度 $u(\omega)$ は

$$u(\omega)\,d\omega = \hbar\omega\langle n_s\rangle\frac{D(\omega)}{V}\,d\omega = \frac{\hbar}{\pi^2 c^3}\frac{\omega^3}{\exp\left(\dfrac{\hbar\omega}{k_{\rm B}T}\right)-1}\,d\omega \quad (6.43)$$

で与えられる．この式は，**プランクの輻射式**とよばれる．

輻射エネルギー密度の振動数依存性を図 6.5 に示す．

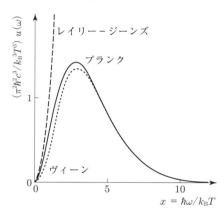

図 6.5 空洞輻射のエネルギー密度の振動数・温度依存性．実線はプランクの輻射式，点線はヴィーンの輻射式，破線はレイリー‐ジーンズの輻射式を示す（章末の問題［5］を参照）．

空洞内の全エネルギー密度を，すべての振動数について積分して求めると，

$$\frac{U}{V} = \int_0^\infty u(\omega)\,d\omega = \frac{(k_{\rm B}T)^4}{\pi^2\hbar^3 c^3}\int_0^\infty \frac{x^3}{e^x-1}\,dx = \frac{\pi^2 k_{\rm B}^4}{15\hbar^3 c^3}T^4 \quad (6.44)$$

を得る[†]．すなわち，空洞内の電磁波のエネルギー密度は絶対温度の 4 乗に比

[†] 積分変数を ω から $x = \hbar\omega/k_{\rm B}T$ に変更し，定積分

$$\int_0^\infty \frac{x^3}{e^x-1}\,dx = \frac{\pi^4}{15}$$

を用いた．

例する．この法則は，**シュテファン-ボルツマンの法則**とよばれるものである．

6.5 格子振動のデバイ模型

結晶を構成する原子の運動は，原子間の結合をフックの法則に従うバネで近似して基準振動に分解すると，独立な調和振動子の集団とみなすことができる．角振動数 ω_s の量子数 n_s は，音量子（フォノン）の数とみなせるが，光子の場合と同様，その総数が一定という制限がないため，$\mu = 0$ のボース分布に従う．したがって，結晶が温度 T に保たれている場合，零点振動を除いた振動子のエネルギーは 3.5.2 の考察を振動数の異なる振動子の集団に適用すれば

$$E = \sum_s \frac{\hbar \omega_s}{\exp\left(\dfrac{\hbar \omega_s}{k_B T}\right) - 1} \tag{6.45}$$

で与えられる．ここで，角振動数の状態密度 $D(\omega)$ を用いると

$$E = \int_0^\infty \frac{\hbar \omega\, D(\omega)}{\exp\left(\dfrac{\hbar \omega}{k_B T}\right) - 1}\, d\omega \tag{6.46}$$

と表すことができ，さらに定積比熱は $C_V = (\partial E / \partial T)_{V,N}$ より

$$C_V = \int_0^\infty k_B\, D(\omega) \left(\frac{\hbar \omega}{k_B T}\right)^2 \frac{\exp\left(\dfrac{\hbar \omega}{k_B T}\right)}{\left\{\exp\left(\dfrac{\hbar \omega}{k_B T}\right) - 1\right\}^2}\, d\omega \tag{6.47}$$

と表される．

デバイは，角振動数が波数に比例（$\omega = ck$（c は音速））すると仮定して，状態密度として ω^2 に比例する，

$$D(\omega) = \begin{cases} \dfrac{V}{2\pi^2}\left(\dfrac{1}{c_l^3} + \dfrac{2}{c_t^3}\right)\omega^2 \equiv \dfrac{9N}{\omega_D^3}\omega^2 & (0 \leq \omega \leq \omega_D \text{ のとき}) \\ 0 & (\text{それ以外のとき}) \end{cases} \tag{6.48}$$

を採用した．ただし，c_l，c_t はそれぞれ縦波，横波の速さであり，角振動数の最大値 ω_D は，自由度の数が $3N$ となるように

$$\int_0^{\omega_D} D(\omega)\, d\omega = 3N$$

から決められる．この式を (6.47) に代入して定積比熱を求めると

$$C_V = k_B \frac{9N}{\omega_D^3} \int_0^{\omega_D} \omega^2 \left(\frac{\hbar\omega}{k_B T}\right)^2 \frac{\exp\left(\frac{\hbar\omega}{k_B T}\right)}{\left\{\exp\left(\frac{\hbar\omega}{k_B T}\right) - 1\right\}^2}\, d\omega$$

$$= 9Nk_B \left(\frac{T}{\Theta_D}\right)^3 \int_0^{\Theta_D/T} \frac{x^4 e^x}{(e^x - 1)^2}\, dx \tag{6.49}$$

が得られる．$\Theta_D \equiv \hbar\omega_D/k_B$ は**デバイ温度**とよばれる．

高温では (6.49) で x が十分小さいところだけが寄与するので，被積分関数を x^2 で近似できるから，

$$C_V \simeq 3Nk_B \tag{6.50}$$

となる．一方，低温の極限では積分の上限を ∞ としてよいので，

$$C_V \simeq \frac{12\pi^4 k_B N}{5} \left(\frac{T}{\Theta_D}\right)^3 \tag{6.51}$$

が導かれる†．低温で温度の 3 乗に比例する比熱は実験で観測されるものである．図 6.6 に，デバイ模型の比熱の温度依存性を示す．

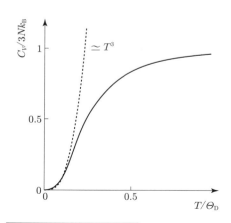

図 6.6 格子振動のデバイ模型による比熱の温度依存性．破線は低温の極限 ($\simeq T^3$) を示す．

---

† 一度部分積分し，さらに 6.4 節の脚注を用いた．

問 題

[1] 理想ボース気体の化学ポテンシャルは，(6.30) から決まる絶対活動度 z から求められる．

(1) $T \leq T_\mathrm{c}$ のときは，$\mu \simeq 0$ であることを示せ．

(2) $T > T_\mathrm{c}$ のときは，絶対活動度は (6.30) から

$$\frac{T}{T_\mathrm{c}} = \left\{\frac{\zeta(3/2)}{b_{3/2}(z)}\right\}^{2/3} \tag{6.52}$$

と表されることを示し，数値的に求めた z から化学ポテンシャルを $\mu = k_\mathrm{B} T \ln z$ によって求めて，温度依存性を図示せよ．

[2] 理想ボース気体のエントロピーをオイラーの関係式 $E - TS + PV = N\mu$ を援用して求めよ．

[3] $^{87}\mathrm{Rb}$ が密度 $2 \times 10^{13} \, \mathrm{g \cdot cm^{-3}}$ に保たれている．ボース-アインシュタイン凝縮の起こる転移温度を求めよ．

[4] プランクの輻射式 (6.43) の高温および低温の極限が，それぞれ

$$u(\omega) = \frac{\omega^2}{\pi^2 c^3} k_\mathrm{B} T \qquad \textbf{(レイリー-ジーンズの輻射式)}$$

$$u(\omega) = \frac{\hbar \omega^3}{\pi^2 c^3} \exp\left(-\frac{\hbar \omega}{k_\mathrm{B} T}\right) \qquad \textbf{(ヴィーンの輻射式)}$$

となることを示せ．

[5] 一定の温度 T に保たれた体積 V（1辺 L の立方体とする）の中にある光子を考える．光子は，静止質量 0 でボース統計に従うことが知られている．

(1) 振動数が ν と $\nu + d\nu$ の間にある光子の状態数が $(8\pi V \nu^2 / c^3) d\nu$ で与えられることを示せ．ただし，周期境界条件を仮定し，系は十分に大きいとする．

(2) 光子の大分配関数は

$$\Xi(T, V, \zeta = 0) = \sum_{\{n_\nu\}} \exp\left(-\frac{\sum_{\nu'} \varepsilon_{\nu'} n_{\nu'}}{kT}\right) = \prod_{\nu'} \left\{1 - \exp\left(-\frac{\varepsilon_{\nu'}}{kT}\right)\right\}^{-1}$$

で与えられる．ただし，$\varepsilon_\nu \equiv h\nu$, n_ν は，それぞれ振動数 ν の光子のエネルギーおよび光子の数である．振動数 ν の光子の数の平均値 $\langle n_\nu \rangle$ を求めよ．

(3) 振動数が ν と $\nu + d\nu$ の間にある光子のエネルギー密度の表式を導き，この体積内の光子のエネルギー密度が T^4 に比例することを示せ．

(4) 光子の圧力は，T^4 に比例することを示せ．

［**6**］ 容器の中に閉じ込められた電磁波を考え，壁面から漏れ出る電磁波の単位立体角当たりの密度 R が σT^4（ただし，$\sigma = \pi^2 k_B^4 / 60\hbar^3 c^2 \simeq 5.672 \times 10^{-8}$ W·m^{-2}·K^{-4} は**シュテファン - ボルツマン定数**）で与えられることを示せ．

［**7**］ 格子振動のアインシュタイン模型では，格子振動を同じ振動数 ω_E をもつ $3N$ 個の調和振動子の集団と考える．この模型の定積比熱を求め，その温度依存性を図示せよ．

<7>
理想フェルミ気体

　スピンが半整数 (1/2, 3/2, 5/2, ⋯) の量子数をもつフェルミ粒子は，フェルミ-ディラック統計に従う．本章では，互いに相互作用しないフェルミ粒子の集団の性質について詳しく解説する．また，フェルミ粒子は互いに相互作用をしない粒子であるが，絶対零度においても有限の大きさの圧力をもち，また低温における比熱が温度に比例するなど，古典理想気体とは全く異なった性質をもつことを示す．

7.1 フェルミ粒子系の基本公式

　5.2.2 でみたように，相互作用のない理想フェルミ気体の粒子が，温度 T の熱溜に接しているとき，エネルギー準位 ε_k に存在する粒子数の平均値は，(5.33) のフェルミ分布関数

$$\langle n_k \rangle = \frac{1}{\exp\left(\dfrac{\varepsilon_k - \mu}{k_B T}\right) + 1} \tag{7.1}$$

で与えられる．ここで μ は化学ポテンシャルであり，粒子数 N と

$$N = \sum_k \langle n_k \rangle = \sum_k \frac{1}{\exp\left(\dfrac{\varepsilon_k - \mu}{k_B T}\right) + 1} \tag{7.2}$$

という関係で結ばれている．また，系のエネルギー E は

$$E = \sum_k \varepsilon_k \langle n_k \rangle = \sum_k \frac{\varepsilon_k}{\exp\left(\dfrac{\varepsilon_k - \mu}{k_B T}\right) + 1} \tag{7.3}$$

で与えられる．

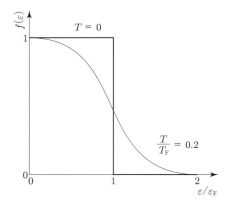

図 7.1 絶対零度および $T/T_F = 0.2$ におけるフェルミ分布関数．$T_F \equiv \varepsilon_F/k_B$ は，(7.9) で定義されるフェルミ温度である．

フェルミ分布関数

$$f(\varepsilon) = \frac{1}{\exp\left(\dfrac{\varepsilon - \mu}{k_B T}\right) + 1} \tag{7.4}$$

の温度依存性を図 7.1 に示す．絶対零度では階段関数であり，温度が高くなるにつれて，ボルツマン分布に近づく．

VL 11

付録 B.9 で述べたエネルギー準位の状態密度

$$D(\varepsilon) = \sum_k \delta(\varepsilon - \varepsilon_k) \tag{7.5}$$

を (7.2), (7.3) に用いると，理想フェルミ気体の粒子数 N とエネルギー E はそれぞれ

$$N = \int \frac{D(\varepsilon)}{\exp\left(\dfrac{\varepsilon - \mu}{k_B T}\right) + 1} \, d\varepsilon \tag{7.6}$$

$$E = \int \frac{\varepsilon D(\varepsilon)}{\exp\left(\dfrac{\varepsilon - \mu}{k_B T}\right) + 1} \, d\varepsilon \tag{7.7}$$

と表すことができる．

粒子（質量 m）が一辺 L の立方体の容器に入っている場合，付録 F.2 の (F.13) で示すように状態密度 $D(\varepsilon)$ は

$$D(\varepsilon) = 2 \times 2\pi V \left(\frac{2m}{h^2}\right)^{3/2} \varepsilon^{1/2} \tag{7.8}$$

で与えられる．最初の因子 2 は，電子を想定してスピンの縮退度 2（スピン 1/2 の電子は，スピンの z 成分が $1/2$ と $-1/2$ の 2 つの状態が可能である）を掛けている．一般に，同じエネルギーの粒子が g 個の異なった内部状態をもつ場合は，状態密度 (7.8) の最初の因子 2 を g で置き換えたものとなる．

理想フェルミ気体の化学ポテンシャルは，(7.6) によって，気体が閉じ込められている容器の体積 V と粒子数 N とに関係づけられる．**フェルミ温度**

$$T_\mathrm{F} = \frac{h^2}{2m} \left(\frac{3}{2} \frac{N}{4\pi V}\right)^{2/3} \tag{7.9}$$

を定義し，(7.6) に (7.8) を代入した式において積分変数を $x \equiv \varepsilon/k_\mathrm{B}T$ に変更すると

$$\left(\frac{T_\mathrm{F}}{T}\right)^{3/2} = \frac{3}{2} \int_0^\infty \frac{x^{1/2}}{e^{x-\xi}+1} dx \tag{7.10}$$

（ただし $\xi = \mu/k_\mathrm{B}T$）を導くことができる．この式から ξ を与えて，数値積分をすることにより T が求められる．$\mu = k_\mathrm{B}T\xi$ によって ξ を μ に変換すれ

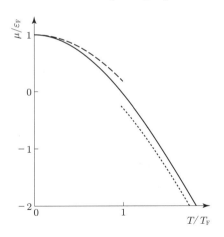

図 7.2 理想フェルミ気体の化学ポテンシャルの温度依存性．破線は，低温における近似式 $\mu = \varepsilon_\mathrm{F}\left\{1 - \frac{\pi^2}{12}\left(\frac{k_\mathrm{B}T}{\varepsilon_\mathrm{F}}\right)^2\right\}$ を示す．また，点線は高温の近似式 (7.30) を示す．

ば，図 7.2 に示すような化学ポテンシャル μ の温度依存性を求めることができる．化学ポテンシャル μ は，低温の極限では $k_\mathrm{B} T_\mathrm{F}$ に近づき，高温では負になる．

7.2 絶対零度における性質

絶対零度においては，フェルミ分布関数は次のような階段関数となる（このとき，フェルミ気体は（完全に）**縮退**しているという）．

$$\langle n_k \rangle = \begin{cases} 1 & (\varepsilon_k \leq \varepsilon_\mathrm{F} \text{ のとき}) \\ 0 & (\text{それ以外}) \end{cases} \tag{7.11}$$

ここで，$\varepsilon_\mathrm{F} \equiv k_\mathrm{B} T_\mathrm{F}$ は絶対零度における化学ポテンシャルであり，**フェルミエネルギー**とよばれる．

フェルミエネルギーは次のような考察から求めることができる．一辺 L の立方体の箱に入れられた N 個のフェルミ気体（粒子の質量 m）を考えると，$\varepsilon \leq \varepsilon_\mathrm{F}$ を満たす粒子数は，付録 F.2 の (F.12) にスピンの 2 成分が $1/2$，$-1/2$ の 2 種あることによる 2 を掛けて

$$N = \frac{8\pi V}{3} \left(\frac{2m}{h^2} \right)^{3/2} \varepsilon_\mathrm{F}^{3/2} \tag{7.12}$$

で与えられる．したがって，フェルミエネルギーは

$$\varepsilon_\mathrm{F} = \frac{h^2}{2m} \left(\frac{3N}{8\pi V} \right)^{2/3} \tag{7.13}$$

と表され，密度の $2/3$ 乗に比例する．

フェルミ温度 $T_\mathrm{F} \equiv \varepsilon_\mathrm{F}/k_\mathrm{B}$ は，フェルミエネルギーを温度に換算した量である．例えば，典型的な金属内の電子のフェルミ温度は，Fe で 13.0×10^4 K，Cu で 8.16×10^4 K，Au で 6.42×10^4 K である．

各粒子がとる固有状態は，波数 k_x，k_y，k_z の張る空間内の 1 つの点で表され，そのエネルギーは

$$\varepsilon_{\boldsymbol{k}} = \frac{\hbar^2}{2m}(k_x^2 + k_y^2 + k_z^2)$$

で与えられる．したがって，同じエネルギーをもつ粒子の状態は，波数空間

7.2 絶対零度における性質

内の半径 $(2m\varepsilon/\hbar^2)^{1/2}$ の球面上にある. 特に, フェルミエネルギーをもつ粒子がつくる半径 $k_F \equiv (2m\varepsilon_F/\hbar^2)^{1/2}$ の球を**フェルミ球**, その表面を**フェルミ面**, k_F を**フェルミ波数**とよぶ. 金属中の電子についても, 絶対零度において最も高いエネルギー状態をとる電子の波数空間内の曲面をフェルミ面とよぶが, フェルミ面は結晶構造および金属イオンと電子との相互作用によって複雑な形状をとる.

(7.6), (7.7) から理想フェルミ気体の粒子数 N, エネルギー E とフェルミエネルギー ε_F の関係を求めることができる. 実際,

$$N = \int_0^{\varepsilon_F} D(\varepsilon)\, d\varepsilon = \frac{8\pi V}{3h^3}(2m\varepsilon_F)^{3/2} \tag{7.14}$$

から (7.13) が確かめられる. また, 全エネルギーは

$$E = \int_0^{\varepsilon_F} D(\varepsilon)\,\varepsilon\, d\varepsilon = \frac{8\pi V}{5h^3}(2m)^{3/2}\varepsilon_F^{5/2} \tag{7.15}$$

と表されるから,

$$\frac{E}{N} = \frac{3}{5}\varepsilon_F \tag{7.16}$$

という関係が成り立つことがわかる. すなわち, 1 粒子当たりの平均のエネルギーは, フェルミエネルギーの 60％である.

フェルミ粒子系は古典理想気体とは異なり, 絶対零度においてもエネルギーが体積に依存するから, 有限の大きさの圧力をもつ. したがって, 絶対零度であることに注意すれば

$$P = -\left(\frac{\partial E}{\partial V}\right)_{S,N} = \frac{2N\varepsilon_F}{5V} \tag{7.17}$$

を得る. あるいは少し書き直すと,

$$P = \frac{2}{3}EV \propto \left(\frac{N}{V}\right)^{5/3} \tag{7.18}$$

である. すなわち, 絶対零度の理想フェルミ気体の圧力は体積の $-5/3$ 乗に比例する.

7.3 有限温度における性質
7.3.1 一般的考察

(5.30) に示した $\mathcal{J}(=-PV)$ 関数の表式から，理想フェルミ気体に対して

$$\frac{PV}{k_\mathrm{B}T} = \sum_k \ln\left\{1+ze^{-\beta\varepsilon_k}\right\}$$

$$= \int_0^\infty D(\varepsilon) \ln\left(1+ze^{-\beta\varepsilon}\right) d\varepsilon \quad (7.19)$$

を得る．ここでも電子を想定して (7.8) の状態密度 $D(\varepsilon)$ を代入し，積分変数を ε から $x=\varepsilon/k_\mathrm{B}T$ に変えて部分積分を行えば，

$$\frac{P}{k_\mathrm{B}T} = \frac{2(2\pi m k_\mathrm{B}T)^{3/2}}{h^3} \frac{4}{3\sqrt{\pi}} \int_0^\infty \frac{x^{3/2}}{z^{-1}e^x+1}\,dx \quad (7.20)$$

が導かれる．

ド・ブロイ波長 $\lambda_T \equiv h/(2\pi m k_\mathrm{B}T)^{1/2}$ およびフェルミ-ディラック積分（付録 H を参照，$\Gamma(n)$ はガンマ関数）

$$f_n(z) = \frac{1}{\Gamma(n)} \int_0^\infty \frac{x^{n-1}}{z^{-1}e^x+1}\,dx \quad (7.21)$$

を定義すると，

$$\frac{P}{k_\mathrm{B}T} = \frac{2}{\lambda_T^3} f_{5/2}(z) \quad (7.22)$$

と表される．同様に，粒子数に対する表式は，(7.6) に状態密度を代入して

$$\frac{N}{V} = \frac{2}{\lambda_T^3} f_{3/2}(z) \quad (7.23)$$

と表すことができる．これらの $P/k_\mathrm{B}T$, N/V の式から z を消去すれば，理想フェルミ気体の状態方程式が導かれる．図 7.3 に，温度を圧力，体積の関数として状態方程式を 3 次元的にプロットしたものを示す．

(7.7) から，理想フェルミ気体のエネルギーは

$$E = \frac{3k_\mathrm{B}T}{2} \frac{2V}{\lambda_T^3} f_{5/2}(z)$$

$$= \frac{3}{2} N k_\mathrm{B} T \frac{f_{5/2}(z)}{f_{3/2}(z)} \quad (7.24)$$

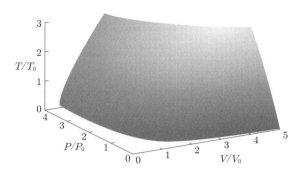

図 7.3 理想フェルミ気体の状態方程式の 3 次元プロット．
ただし，$P_0 V_0 = \frac{2}{5} N k_B T_0$, $T_0 = \frac{\hbar^2}{2 m k_B} \left(\frac{6\pi^2 N}{g V_0} \right)^{2/3}$．

で与えられることがわかり，(7.22) と (7.23) を用いると

$$E = \frac{3}{2} PV \tag{7.25}$$

が，任意の温度で成り立つことがわかる．

定積比熱 C_V は，(7.24) を温度で微分して求めることができる．実際，付録 H に示す

$$z \frac{df_n(z)}{dz} = f_{n-1}(z)$$

および

$$\left(\frac{\partial z}{\partial T} \right)_{N,V} = -\frac{3z}{2T} \frac{f_{3/2}(z)}{f_{1/2}(z)}$$

に注意して，

$$C_V = N k_B \left\{ \frac{15 f_{5/2}(z)}{4 f_{3/2}(z)} - \frac{9 f_{3/2}(z)}{4 f_{1/2}(z)} \right\} \tag{7.26}$$

を得る．図 7.4 に理想フェルミ気体の定積比熱の温度依存性を示す．

また，ヘルムホルツの自由エネルギー A およびエントロピー S は

$$A = N \mu - PV = N k_B T \left\{ \ln z - \frac{f_{5/2}(z)}{f_{3/2}(z)} \right\} \tag{7.27}$$

$$S = \frac{E - A}{T} = N k_B \left\{ \frac{5 f_{5/2}(z)}{2 f_{3/2}(z)} - \ln z \right\} \tag{7.28}$$

と表される．

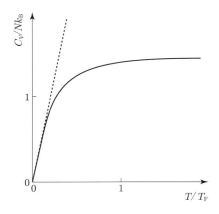

図 7.4 理想フェルミ気体の定積比熱の温度依存性．破線で示すように，比熱は低温において T に比例することがわかる．

7.3.2 高温および低温の極限における性質

ここまでですべての物理量を $f_n(z)$ の関数として表すことができたので，(7.23) から z を $N\lambda_T^3/V$ の関数として求めれば，すべての物理量を N, V, T の関数として表すことができる．残念ながら，この手順を任意の温度において解析的に行うことは不可能であり，数値的な手法に頼らざるを得ない．しかし，高温および低温の極限における振る舞いは解析的に求めることができる．

(1) 高温の極限 ($T \gg T_F$)

付録 H に示すように，$z \ll 1$ ($T \gg T_F$) のときは $f_n(z) \simeq z$ と近似できるので，(7.23) から

$$\frac{N}{V} \simeq \frac{2z}{\lambda_T^3} \tag{7.29}$$

であり，したがって

$$z \simeq \frac{N\lambda_T^3}{2V} = \frac{N}{2V} \frac{h^3}{(2\pi m k_B T)^{3/2}} \tag{7.30}$$

を得る（$N\lambda_T^3/2V \ll 1$ のとき $z \ll 1$ が満たされる）．

また，(7.22), (7.24) に $f_n(z) \simeq z$ を代入すると

$$\frac{P}{k_B T} \simeq \frac{2z}{\lambda_T^3} \tag{7.31}$$

$$\frac{E}{V} \simeq \frac{3}{2}k_{\mathrm{B}}T \frac{2z}{\lambda_T^3} \tag{7.32}$$

であるから，これらの式から z を消去して，理想フェルミ気体の状態方程式

$$PV = Nk_{\mathrm{B}}T \tag{7.33}$$

$$E = \frac{3}{2}k_{\mathrm{B}}T \tag{7.34}$$

が導かれる．これらは古典理想気体の状態方程式と一致しており，高温の理想フェルミ気体は古典理想気体と同じ振る舞いをすることがわかる．この結論は，フェルミ分布関数が高温の極限ではボルツマン分布に近づくことから理解できる．

(2) 低温の極限（$T \ll T_{\mathrm{F}}$）

付録 H の (4) に示した $z \gg 1$（$T \ll T_{\mathrm{F}}$）における展開式

$$f_n(z) \simeq \frac{(\ln z)^n}{\Gamma(n+1)}$$

を用いた考察も可能であるが，やや煩雑になるので，ここでは物理的考察のみにとどめる．

絶対零度近傍から T だけ温度が上昇すると，熱エネルギー $k_{\mathrm{B}}T$ を得て励起できる粒子は，$\varepsilon_{\mathrm{F}} - k_{\mathrm{B}}T$ と ε_{F} の間にある粒子である．フェルミエネルギー近傍には，単位エネルギー当たり $D(\varepsilon_{\mathrm{F}})$ の状態が存在するから，温度が T だけ上昇したときの系のエネルギーの増加量は，ε_{F} 近くの状態密度 $D(\varepsilon_{\mathrm{F}})$ と励起できる粒子のエネルギーの領域の幅 $k_{\mathrm{B}}T$ との積に，励起されるエネルギーを掛けた量で近似でき，

$$\Delta E \simeq D(\varepsilon_{\mathrm{F}}) \, k_{\mathrm{B}}T \cdot k_{\mathrm{B}}T \propto T^2$$

と見積もることができる．このとき，比熱はエネルギーの増加量を温度の上昇量で割ったものであるから，比熱は T に比例することになる．

理想フェルミ気体の低温の比熱が絶対温度に比例するという性質は，金属の電子比熱で観測されている．

問 題

[1] 一辺 L の立方体の箱に入れられた N 個のフェルミ気体（粒子の質量 m）のフェルミエネルギーは，次のような考察で求めることができる．なお，固有状態は波数空間 (k_x, k_y, k_z) 内の点で表され，各状態は g 重に縮退しているものとする．

(1) 波数空間の単位体積当たりの状態数が $gV/8\pi^3$ であることを示せ．

(2) 低いエネルギーの状態から順に粒子を詰めていき，N 個の粒子を詰めたときの最大の波数 k_F を求めよ．

(3) フェルミ運動量 p_F，フェルミエネルギー ε_F を求めよ．

[2] 白色矮星（縮退星）は完全にイオン化した He からなり，電子のつくり出す圧力と He 原子核の集団の重力がつり合って安定化している．星の質量を M，半径を R とすると，半径がそれほど小さくなく相対論的効果が無視できるときは，$R \propto M^{-1/3}$ であることが知られている．He は原子 1 個当たり 2 個の電子をもつので，質量 M の白色矮星中の電子数 N は $N = 2M/m_{He}$ で与えられる．ただし，m_{He} は He の原子核 1 個の質量であり，電子の質量は無視できるものとした．また，フェルミ温度は星の温度より十分高く，電子は完全に縮退した理想フェルミ気体と考えてよい．

白色矮星の平衡状態の半径 R（体積は $V = 4\pi R^3/3$）は，電子系のエネルギー E_0 と He 原子核の重力による位置エネルギー $-\alpha M^2/R$ の和で与えられる全エネルギー E が，R に関して最小となる条件から決められる（α は万有引力定数に比例する定数である）．このことから $R \propto M^{-1/3}$ を示せ．

[3] 2 次元平面内に閉じ込められた ^{3}He の低温における定積比熱が，^{3}He の量に依存しないことが見出されている．^{3}He はスピン 1/2（したがって，スピンの縮退度は 2 である）であるので，理想フェルミ気体と考えることができる．

^{3}He の質量を m とし，面積 A の中にある N 個の ^{3}He を考える（2 次元内の粒子では，波数ベクトル空間の単位面積当たりの状態数は $A/(2\pi)^2$ である）．

(1) フェルミ波数 k_F は $\sqrt{2\pi N/A}$，フェルミエネルギー ε_F は $\pi\hbar^2 N/mA$ であることを示せ．

(2) 0 K における系のエネルギーが $\varepsilon_F N/2$ であることを示せ．

(3) 状態密度 $D(\varepsilon)$ が ε に依存せず，$D(\varepsilon) = mA/\pi\hbar^2$（$\varepsilon \geq 0$）で与えられることを示せ（$\varepsilon < 0$ のときは $D(\varepsilon) = 0$ である）．

(4) 温度 T（$k_B T/\varepsilon_F$ は十分小さいとする）におけるエネルギーを求めるため

に，フェルミ分布関数 $f(\varepsilon)$ を 3 本の直線からなる次式で近似する．

$$f(\varepsilon) = \begin{cases} 1 & (\varepsilon - \mu \leq -2k_\mathrm{B}T \text{ のとき}) \\ \dfrac{1}{2} - \dfrac{\varepsilon - \mu}{4k_\mathrm{B}T} & (-2k_\mathrm{B}T \leq \varepsilon - \mu \leq 2k_\mathrm{B}T \text{ のとき}) \\ 0 & (2k_\mathrm{B}T \leq \varepsilon - \mu \text{ のとき}) \end{cases}$$

このとき，化学ポテンシャル μ は ε_F に等しいことを示せ．

(5) (4)の近似の範囲で温度 T におけるエネルギーを求め，定積比熱が温度に比例し，さらに粒子数 N に依存しないことを示せ．

[4] 3 次元内の体積 V の容器に閉じ込められている N ($N \gg 1$) 個の粒子からなる理想フェルミ気体を考える．粒子のエネルギースペクトル (エネルギー ε と運動量 p の関係) が $\varepsilon = Ap^a$ ($A > 0$, $a > 0$) であることがわかっている．粒子の内部自由度による状態数を g とする．

(1) 波数空間内の単位体積当たりの状態数が $V/8\pi^3$ であることに注意して，状態密度 $D(\varepsilon)$ が次式のように書けることを示せ (f_a は a に依存する定数である)．

$$D(\varepsilon) = V f_a \varepsilon^{(3-a)/a}$$

(2) フェルミエネルギー ε_F が $V^{-a/3}$ に比例することを示せ．

(3) 絶対零度における系の全エネルギー E を ε_F を用いて表せ．

(4) 絶対零度における系の圧力 P が，$3PV = aE$ を満たすことを示せ．

[5] 体積 V の中にある N 個の電子系が絶対零度で完全に縮退しているとし，電子 (質量 m) を理想フェルミ気体とみなす．系には z 方向の磁場 H がかけられている．電子のエネルギーは，そのスピン磁気モーメントが磁場に平行か反平行かによって，$-\mu_\mathrm{B}H$ か $\mu_\mathrm{B}H$ だけ変化する．

(1) $|\mu_\mathrm{B}H/\varepsilon_\mathrm{F}| \ll 1$ のとき，磁場 H がかけられている状態におけるフェルミエネルギー ε_H と $H = 0$ のときのフェルミエネルギー ε_F の差が $(\mu_\mathrm{B}H/\varepsilon_\mathrm{F})^2$ に比例することを示せ．

(2) ＋スピン，－スピンをもつ電子数をそれぞれ N_+, N_- とすると，全磁気モーメント M は $M = \mu_\mathrm{B}(N_+ - N_-)$ で与えられる．$H = 0$ における系のスピン常磁性帯磁率

$$\chi_S \equiv \left.\frac{\partial M}{\partial H}\right|_{H=0}$$

を求めよ．

<8>
相転移の統計力学

これまでの章では，統計力学の基本的な枠組みと粒子間の相互作用がない場合を中心に，様々な系の性質について解説してきた．実際の物質では，粒子間の相互作用が無視できない場合が多く，特に構成要素同士が強く相互作用する系では，示強変数を変化させたときに安定な相が変化する相転移現象がみられることが多い．本章では，相転移の基本的な熱力学的性質を概観した後，主として2次相転移の統計力学による取り扱い方について解説する．

8.1 相転移

平衡状態にある物質が，物理的，化学的に一様である場合，1つの**相**にあるという．例えば，コップに入れられた一様な水は1つの相である．温度や圧力の示強変数を変化させると，物質の相が突然変化する**相転移**とよばれる現象がみられることがある．このとき，エントロピーや体積のような熱力学ポテンシャルの1次微係数として与えられる量が不連続となる転移を**1次相転移**といい，比熱や圧縮率のような熱力学ポテンシャルの2次微係数で与えられる量が不連続となる転移を**2次相転移**という．そして，一般に，熱力学ポテンシャルの n 次微係数が不連続となる転移を **n 次相転移**とよぶ．

例えば，水が1気圧の下で，100°Cで水蒸気になる沸騰現象は，液体から気体になるときに体積が不連続的に変化する1次相転移である．また，水と水蒸気の共存状態を保ちながら温度と圧力を上げていくと，臨界点 374.1°C，218.5 気圧において，水と水蒸気の密度の差がなくなって，界面が消失する．臨界点におけるこの転移は2次相転移である．6.3節で述べたボース-アインシュタイン凝縮は，比熱の温度微係数が不連続となる3次相転移である．

8.1 相転移

　与えられた熱力学量の関数として安定な相を示す図を**相図**という．2つの相が移り変わるところでは，通常それらの相が共存し，共存する状態は相図の中の1つの曲線で表される．図8.1に，固相，液相，気相を示す P-T 面上の典型的な相図を示す．

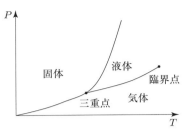

図 8.1 通常の物質の典型的な相図

　P-T 面上の共存線が満たす条件は，以下のような考察から求めることができる．与えられた温度 T，圧力 P の下で2つの相 I，II が互いに接して共存している系を考える．この条件の下では，全体のギブスの自由エネルギーが最小となる．それぞれの相にある粒子の化学ポテンシャルを μ^{I}, μ^{II} とし，それぞれの相の粒子数を N^{I}, N^{II}，全粒子数を $N = N^{\mathrm{I}} + N^{\mathrm{II}}$ とすると，全体のギブスの自由エネルギーはそれぞれの相のギブスの自由エネルギーの和で与えられるので

$$G = \mu^{\mathrm{I}} N^{\mathrm{I}} + \mu^{\mathrm{II}} N^{\mathrm{II}} = (\mu^{\mathrm{I}} - \mu^{\mathrm{II}}) N^{\mathrm{I}} + \mu^{\mathrm{II}} N = \mu^{\mathrm{I}} N + (\mu^{\mathrm{II}} - \mu^{\mathrm{I}}) N^{\mathrm{II}} \tag{8.1}$$

と表される．したがって，$\mu^{\mathrm{I}} > \mu^{\mathrm{II}}$ なら $N^{\mathrm{I}} = 0$, $N^{\mathrm{II}} = N$ が，また $\mu^{\mathrm{I}} < \mu^{\mathrm{II}}$ なら $N^{\mathrm{I}} = N$, $N^{\mathrm{II}} = 0$ が実現される．$\mu^{\mathrm{I}} = \mu^{\mathrm{II}}$ のときは，N^{I}, N^{II} は $0 \leq N^{\mathrm{I}} \leq N$, $0 \leq N^{\mathrm{II}} \leq N$ の範囲で任意の値をとることができる．すなわち，

$$\mu^{\mathrm{I}}(T, P) = \mu^{\mathrm{II}}(T, P) \tag{8.2}$$

が2つの相の共存条件である．

　1つの相の化学ポテンシャルを T, P の関数として表すと，P-T 面上の1つの曲面として表せる（図8.2(a)）．2つの相が相平衡となって共存する状態は，相 I，相 II それぞれの化学ポテンシャル面が交わるところであり，この交線の両側で安定な相が変化する．この交線を P-T 面上に射影した曲線が P-T 面上の共存曲線となる（図8.2(b)）．

　図8.2(b) の P-T 面上に示した**共存線**を考えよう．共存線の片側では1つの相（相 I とする），他の側ではもう1つの相（相 II とする）が安定である．

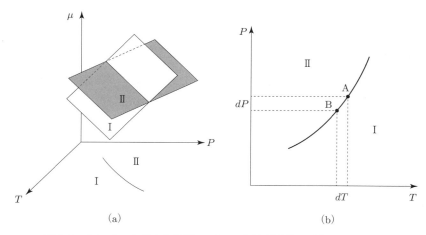

図 8.2 (a) 2つの相の化学ポテンシャル面を模式的に示す．2つの面が交わるところが共存線を決定する．
(b) P-T 面上の共存線は，(a) の交線を P-T 面上に射影したもの．共存線を横切るように温度，圧力を変化させると，相転移が起こる．

1つの相の側から他の相の側に移るように，T あるいは P，または両方を変化させると，共存線を通過するときに相転移が起こる．

温度を高くすると，共存線近傍における2つの相のギブスの自由エネルギーの差が減少し，ついにはある温度で1つの相になってしまう場合がある．共存線は，この温度と対応する圧力のところで消滅し，その点を**臨界点**とよぶ．臨界点の温度，圧力，体積をそれぞれ T_c, P_c, V_c と表す．この温度，圧力以上の

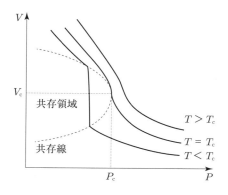

図 8.3 体積の圧力依存性を示す等温曲線を $T > T_c$, $T = T_c$, $T < T_c$ について示す．破線の左側は2相共存領域であり，破線の上は気相，破線の下は液相である．

領域では，2つの相の差がなくなることになる．液相と気相の間の転移の臨界点近傍における体積の圧力依存性および温度依存性を模式的に図8.3に示す．

臨界点では，体積の圧力に関する偏微分係数，すなわち等温圧縮率の発散や比熱の発散などの異常がみられることが知られている．臨界点近傍でみられる様々な異常を示す現象を総称して**臨界現象**とよぶ．

8.2 イジング模型の相転移

統計力学の方法を用いて，微視的描像に基づく相転移の取り扱い方をモデル系を用いて解説する．

VL 12

8.2.1 イジング模型

格子点上に局在するスピンを考え，スピンは z 軸方向の正の向きまたは負の向きのみを向くものとする．このようなスピンを**イジングスピン**，イジングスピンを用いた磁性体のモデルを**イジング模型**とよぶ．

格子点 i 上にあるスピン変数を σ_i とし，σ_i は $+1$ または -1 をとるものとする．隣り合う2つのスピンは，同じ向きを向くときに $-J$ のエネルギーをもち，反対向きを向くときは J のエネルギーをもつものとする．さらに，z 軸の正の向きの磁場 H がかかっているとし，スピン σ_i は $-\bar{\mu}H\sigma_i$ の磁場によるエネルギーをもつものとする（$\bar{\mu}$ は各スピンのもつ磁気モーメントである）．このとき，系のハミルトニアン（エネルギー）は

$$\mathcal{H} = -\sum_{\langle i,j \rangle} J\sigma_i\sigma_j - \sum_i \bar{\mu}H\sigma_i \tag{8.3}$$

と表すことができる．ここで，$\sum_{\langle i,j \rangle}$ は最近接格子点対についての和を表す．ここでは，スピン対が同じ向きを向く方がエネルギーが低くなるように $J > 0$ を仮定する．

イジング模型は極めて単純なモデルであるが，磁性体のモデルとしてだけでなく，液体のモデルや生物物理学，経済物理学，社会物理学においても利用されている極めて汎用性の高いモデルである．

8.2.2 相転移が起こる理由

相互作用しているスピン系において相転移が起こる理由をみるために，磁場のないイジングスピン系のハミルトニアン

$$\mathcal{H} = -\sum_{\langle i,j \rangle} J\sigma_i \sigma_j \tag{8.4}$$

において，1つの格子点 i 以外のすべてのスピンを，平均値 $\langle \sigma \rangle$ で置き換えた系

$$\mathcal{H}_A = -zJ\langle\sigma\rangle\sigma_i + \tilde{\mathcal{H}} \tag{8.5}$$

を考えよう．ここで，第1項は σ_i と周囲の z 個（z を**配位数**という）の平均的なスピン $\langle \sigma \rangle$ との相互作用を表し，第2項の $\tilde{\mathcal{H}}$ は σ_i には依存しない項である．

系が温度 T の熱溜に接しているとすると，σ_i の平均値は，3.2節の方法を用いて

$$\langle \sigma_i \rangle = \frac{\exp\left(\dfrac{zJ\langle\sigma\rangle}{k_\mathrm{B}T}\right) - \exp\left(-\dfrac{zJ\langle\sigma\rangle}{k_\mathrm{B}T}\right)}{\exp\left(\dfrac{zJ\langle\sigma\rangle}{k_\mathrm{B}T}\right) + \exp\left(-\dfrac{zJ\langle\sigma\rangle}{k_\mathrm{B}T}\right)} = \tanh\left(\frac{zJ\langle\sigma\rangle}{k_\mathrm{B}T}\right) \tag{8.6}$$

と表される．σ_i の平均値は $\langle\sigma\rangle$ と等しいはずであるから，$\langle\sigma_i\rangle = \langle\sigma\rangle$ とおけば，$\langle\sigma\rangle$ の満たすべき**自己無撞着方程式**として

$$\langle\sigma\rangle = \tanh\left(\frac{zJ\langle\sigma\rangle}{k_\mathrm{B}T}\right) \tag{8.7}$$

が導かれる．この非線形方程式は，直線 $y = \langle\sigma\rangle$ と曲線 $y = \tanh(zJ\langle\sigma\rangle/k_\mathrm{B}T)$ の交点として与えられるので，$zJ/k_\mathrm{B}T$ の値によって解の数が異なる．

図8.4に示すように，$zJ/k_\mathrm{B}T < 1$ のときは直線と曲線は $\langle\sigma\rangle = 0$ でのみ交わり，$\langle\sigma\rangle = 0$ が唯一の解であるが，$zJ/k_\mathrm{B}T > 1$ のときは直線と曲線は3点で交わり，$\langle\sigma\rangle = 0$ およびそれ以外の解が現れる．すなわち，スピン σ_i は高温状態では周囲のスピンとは関係なく $\langle\sigma\rangle = 0$ となるように正負どちらの状態もとるが，低温領域では周囲のスピンと同じ方向をとるようになり，$\langle\sigma\rangle \neq 0$ の解が出現する．すなわち，低温におけるスピン間の協力が新しい

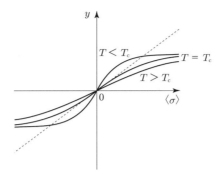

図 8.4 (8.7) の解の様子．破線で示す直線 $y = \langle\sigma\rangle$ と実線で示す $y = \tanh\left(\frac{zJ\langle\sigma\rangle}{k_\mathrm{B}T}\right)$ の交点が解である．$T_\mathrm{c} = zJ/k_\mathrm{B}$ とすると，$T > T_\mathrm{c}$ のときは $\langle\sigma\rangle = 0$ が唯一の解であるが，$T < T_\mathrm{c}$ のときは $\langle\sigma\rangle = 0$ 以外の解が現れ，T_c の上下で安定な相が異なる．

相をつくり出すのである．$\langle\sigma\rangle$ は，2つの相（$\langle\sigma\rangle = 0$ の相と $\langle\sigma\rangle \neq 0$ の相）を区別する量になっており，このような量を**秩序変数**という．また，$\langle\sigma\rangle = 0$ の相を**無秩序相**，$\langle\sigma\rangle \neq 0$ の相を**秩序相**という．

8.2.3 平均場近似

前節で得た解をミクロな立場から求めてみよう．系が温度 T の熱溜に接しているものとして，ある瞬間の $+$，$-$ のスピンの数をそれぞれ N_+，N_- とする．記述を簡略にするために系の秩序変数を $M = \langle\sigma\rangle$ と書けば，$M = \{(+1) \times N_+ + (-1) \times N_-\}/N = (N_+ - N_-)/N$ である．つまり，$+$，$-$ のスピンの数が平均として同数ある状態が無秩序状態 ($M = 0$) であり，$N_+ \neq N_-$ となる状態が秩序相 ($M > 0$) である．

平衡状態の M を求めるには，自由エネルギーを M の関数として表し，その自由エネルギーを最小とする M の値を求めればよい．自由エネルギー A は，エネルギー E とエントロピー S を用いて，付録 A.1 の表 A.1 より

$$A = E - TS \tag{8.8}$$

と求められる．

エントロピーは，N_+ 個の $+$ スピンと，N_- 個の $-$ スピンを N 個の格子

点に配置する場合の数から，

$$S = k_B \ln\left(\frac{N!}{N_+! N_-!}\right)$$
$$= -Nk_B \left[\frac{1}{2}(1+M)\ln\left\{\frac{1}{2}(1+M)\right\} + \frac{1}{2}(1-M)\ln\left\{\frac{1}{2}(1-M)\right\}\right] \tag{8.9}$$

と求められる．ただし，$N = N_+ + N_-$ および $M = (N_+ - N_-)/N$ から $N_\pm = (N/2)(1\pm M)$ であることと，スターリングの公式 $\ln N! = N\ln N - N$（付録 B.1 の (B.6) を参照）を用いた．

一方，エネルギーは，隣り合うスピンが互いにどの向きを向いているかによるので N_+，N_- だけでは表せない．そこで隣り合うスピンで，++，+−，−− の対の数をそれぞれ N_{++}，N_{+-}，N_{--} とすると，系のエネルギーは

$$E = -J(N_{++} + N_{--} - N_{+-}) - h(N_+ - N_-) \tag{8.10}$$

で与えられる．ただし，$h \equiv \bar{\mu}H$ とおいた．

自由エネルギーは (8.8) により，N_+，N_-，N_{++}，N_{+-}，N_{--} で表されるが，スピン対の数 N_{++}，N_{+-}，N_{--} が N_+，N_- のみでは表されず，自由エネルギーは M のみの関数とはならない．そこで，何らかの近似を用いて，N_{++} などを M で表す必要がある．

最も単純な近似として，**平均場近似**[†]を考えよう．この近似では，1 つのスピンの最近接格子点にある z 個のスピンのうち + スピンと − スピンの割合は，全体における出現確率と同じであると仮定する．すなわち，

$$N_{++} \sim \frac{1}{2}N_+ z \frac{N_+}{N} = \frac{Nz}{8}(1+M)^2 \tag{8.11}$$

$$N_{--} \sim \frac{1}{2}N_- z \frac{N_-}{N} = \frac{Nz}{8}(1-M)^2 \tag{8.12}$$

$$N_{+-} \sim N_+ z \frac{N_-}{N} = \frac{Nz}{4}(1-M^2) \tag{8.13}$$

と近似する．最初の 2 つの式に 1/2 を掛けているのは，++，−− 対の数を

[†] 分子場近似あるいはブラッグ - ウィリアムズ近似とよばれることもある．

2重に数えることを防ぐためである．この表式が与える最近接格子点対の総数 $N_{++} + N_{+-} + N_{--} = (1/2)zN$ が正しいことは容易に確かめられる．

(8.9) および (8.10)〜(8.13) を (8.8) に代入して整理すると，

$$\begin{aligned}A = &-\frac{1}{2}zNJM^2 \\&+ Nk_\mathrm{B}T\left[\frac{1}{2}(1+M)\ln\left\{\frac{1}{2}(1+M)\right\} + \frac{1}{2}(1-M)\ln\left\{\frac{1}{2}(1-M)\right\}\right] \\&- NhM\end{aligned} \qquad (8.14)$$

を得る．

この節では，外場のない場合 ($h=0$) を考える．様々な温度における自由エネルギー A/zJN を M の関数として図 8.5 に示す．熱平衡状態で実現される M の値は，自由エネルギーを最小にするものである．温度が高いときは，$M=0$ にただ 1 個の極小点があるだけであるが，ある温度以下になると $M \neq 0$ に 2 個の極小点が現れることがわかる．極小点の位置は，A の M に関する微係数がゼロとなる点として求められるので，

$$\frac{\partial A}{\partial M} = -zJNM + \frac{1}{2}Nk_\mathrm{B}T\ln\left(\frac{1+M}{1-M}\right) = 0 \qquad (8.15)$$

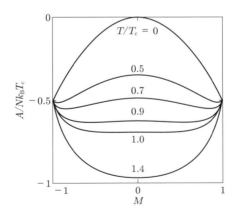

図 8.5 平均場近似によって求めたイジング模型の自由エネルギーを，様々な温度について秩序変数の関数として示す．$T_\mathrm{c} = zJ/k_\mathrm{B}$，$T \geq T_\mathrm{c}$ のときは，ただ 1 個の極小点があるだけであるが，$T < T_\mathrm{c}$ のときは，2 個の極小点が出現する．

より
$$M = \tanh\left(\frac{zJ}{k_B T}M\right) \quad (8.16)$$

の解として求められる．この式は前節で得た (8.7) と同じであり，解の振る舞いは前節で解説した通りである．

この節の取り扱いから，$T < T_c$ のときの $M = 0$ の解は，自由エネルギーの極大に対応することがわかる．実際，自由エネルギーを M が小さいとして展開すると，

$$A \simeq Nk_B T + \frac{Nk_B}{2}(T - T_c)M^2 + \frac{Nk_B}{12}TM^4 + \cdots \quad (8.17)$$

を得る．したがって，$M = 0$ は，$T \geq T_c$ のときは極小点であるが，$T < T_c$ のときは極大点となる．

平衡状態に対応する秩序変数 M を温度の関数として図 8.6 に示す．$T > T_c$ の高温においては，平衡状態では $+, -$ スピンが同程度に出現し，系は完全に対称的になっている．$T = T_c$ において相転移が起こり，$T < T_c$ においては対称性が破れて，$M > 0$ または $M < 0$ の状態が出現する．$T = T_c$ における転移は，2 次相転移である．

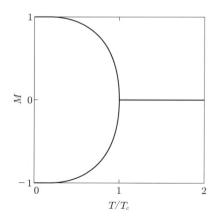

図 8.6 平均場近似によって求めたイジング模型の秩序変数 M の温度依存性．$T < T_c$ では，2つの状態が可能であり，比較的上向きスピンの多い状態と比較的下向きスピンの多い状態が出現する．

ミクロな立場からみると，相転移の起こる理由は次のように説明できる．自由エネルギーにはエネルギーとエントロピーの寄与がある．エネルギーの項は $|M|$ が大きいほど，すなわちスピンの向きが揃うほど低くなり，自由エネルギーを低下させる．一方，エントロピーの項はスピンの向きが乱雑なほど自由エネルギーを低下させ，またその効果は温度が高いほど大きい．温度が高い場合，エントロピーの効果が優勢であり，$M = 0$ が平衡状態となる．温度を下げると，エネルギーの効果が相対的に増加し，T_c 以下において $M \neq 0$ の状態が実現されるようになるのである．

8.2.4 外場がある場合の相転移

磁場がかかっている場合も同様に考えることができる．(8.14) から $\partial A/\partial M = 0$ とおいて秩序変数 M を決める式を求めると，

$$M = \tanh\left\{\frac{T_c}{T}\left(M + \frac{h}{zJ}\right)\right\} \tag{8.18}$$

を得る．温度を $T > T_c$ と $T < T_c$ に分けて，右辺の関数をいくつかの磁場の領域について図示すると，図 8.7 のようになる．

この曲線と図に示した傾き 1 の直線との交点が方程式の解である．図 8.8

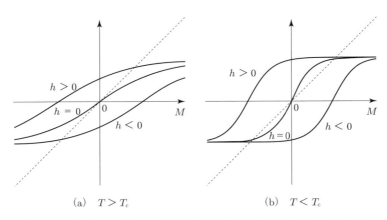

図 8.7 磁場がある場合の秩序変数に対する方程式 (8.18) の解をグラフを用いて求める図．点線で示した傾き 1 の直線と実線で示した曲線（(8.18) の右辺の図）との交点が (8.18) の解である．

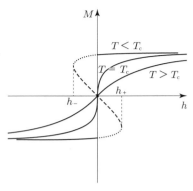

図 8.8 磁場がある場合の秩序変数の磁場依存性.$T > T_c$ のときは連続的に変化するのに対し,$T < T_c$ のときは $h = 0$ で不連続的に変化する.破線部分は不安定状態,点線部分は準安定状態であり,ともに平衡状態では実現されない.

は,このようにして決められる平衡状態の秩序変数を,模式的に h の関数として示したものである.$T > T_c$ のときは,M は連続的に変化する.$T < T_c$ のときは,3 つの解が存在する領域があり,破線で示した解は不安定状態,点線で示した解は準安定状態に対応する.平衡状態の M の値は,磁場を変化させると $h = 0$ のところで不連続的に変化し,系は 1 次相転移を示す.$T = T_c$ においては磁化率 $N \partial M / \partial h|_{h=0}$ が発散する.$T < T_c$ において,磁場を正の値から負の値へ変化させると実際の転移は $h = 0$ では起こらず,$h = 0$ と図に示した $h = h_-$ の間で観測されることが多い.また,転移後の状態から磁場を再び増加させると,転移は $h = 0$ と図に示した $h = h_+$ の間で起こることがみられる.このように,磁場を増加・減少させる過程において,秩序変数が同じ道筋を通らない現象は**履歴現象**(**ヒステリシス**)とよばれ,1 次相転移の 1 つの特徴となっている.

8.2.5 臨界指数

外場がない場合の $T = T_c$ における転移の特徴を詳しくみるために,転移点近傍における秩序変数,比熱,磁化率の変化を求めてみよう.まず,M が小さいとして (8.16) の右辺を展開し,3 次の項までとって M を求めると,

$T < T_c$ に対して

$$M \simeq \pm\sqrt{\frac{3}{T_c}}(T_c - T)^{1/2} \qquad (8.19)$$

が示される. M は T が T_c に近づくときにゼロとなるが,その特徴を表す臨界指数 β を

$$M \sim \pm(T_c - T)^\beta \qquad (T < T_c) \qquad (8.20)$$

により定義すると,$\beta = 1/2$ であることがわかる.

イジングスピン系のエネルギーは $E = -(1/2)zJNM^2$ で与えられるから,磁場を一定に保ったときの比熱 C_H は

$$C_H = -zJNM\frac{dM}{dT} \qquad (8.21)$$

と表すことができる.(8.16) の両辺を T で微分すると,

$$\begin{aligned}\frac{dM}{dT} &= \frac{\dfrac{T_c}{T}\dfrac{dM}{dT} - \dfrac{T_c}{T^2}M}{\cosh^2\left(\dfrac{T_c}{T}M\right)} \\ &= \left(\frac{T_c}{T}\frac{dM}{dT} - \frac{T_c}{T^2}M\right)\left\{1 - \tanh\left(\frac{T_c}{T}M\right)\right\} \\ &= \left(\frac{T_c}{T}\frac{dM}{dT} - \frac{T_c}{T^2}M\right)(1 - M^2) \qquad (8.22)\end{aligned}$$

であるから,dM/dT を求めると

$$\frac{dM}{dT} = -\frac{\dfrac{T_c}{T^2}M(1-M^2)}{1 - \dfrac{T_c}{T}(1-M^2)} \qquad (8.23)$$

となる.これを上式に代入して,最終的に

$$C_H = \begin{cases} Nk_B\left(\dfrac{T_c}{T}\right)^2 M^2 \dfrac{1-M^2}{1 - \dfrac{T_c}{T}(1-M^2)} & (T < T_c \text{ のとき}) \\ 0 & (T > T_c \text{ のとき}) \end{cases} \qquad (8.24)$$

を得る.

$T = T_c$ の近傍では，$T < T_c$ のとき $M^2 \sim (3/T_c)(T_c - T)$, $T > T_c$ のとき $M^2 = 0$ であるから，

$$\frac{C_H}{Nk_B} \sim \begin{cases} \dfrac{3}{2} - 3\dfrac{T_c - T}{T_c} & (T < T_c \text{ のとき}) \\ 0 & (T > T_c \text{ のとき}) \end{cases} \tag{8.25}$$

となる．C_H の T_c 近傍における振る舞いを特徴づける臨界指数 α, α' を

$$C_H \sim \begin{cases} (T_c - T)^{-\alpha} & (T < T_c \text{ のとき}) \\ (T - T_c)^{-\alpha'} & (T > T_c \text{ のとき}) \end{cases} \tag{8.26}$$

により定義すると，$\alpha = \alpha' = 0$ となる．

磁化は $\bar{\mu}NM$ で定義されるから，磁化率は $\chi = \bar{\mu}N\, \partial M/\partial H|_{H=0}$ で与えられる．(8.18) の両辺を H で微分して得られる，

$$\frac{dM}{dH} = \frac{\dfrac{T_c}{T}\left(\dfrac{dM}{dH} + \dfrac{\bar{\mu}}{k_B T_c}\right)}{\cosh^2\left(M + \dfrac{h}{k_B T_c}\right)} = \frac{T_c}{T}\left(\frac{dM}{dH} + \frac{\bar{\mu}}{k_B T_c}\right)(1 - M^2) \tag{8.27}$$

から dM/dH を求めると

$$\frac{\partial M}{\partial H} = \frac{\bar{\mu}}{k_B T} \frac{1 - M^2}{1 - \dfrac{T_c}{T}(1 - M^2)} \tag{8.28}$$

となり，磁化率が

$$\frac{\chi}{\bar{\mu}N} = \frac{\bar{\mu}}{k_B T} \frac{1 - M^2}{1 - \dfrac{T_c}{T}(1 - M^2)} \tag{8.29}$$

で与えられることがわかる．

χ の T_c 近傍における振る舞いを特徴づける臨界指数 γ, γ' を，

$$\chi \sim \begin{cases} (T_c - T)^{-\gamma} & (T < T_c \text{ のとき}) \\ (T - T_c)^{-\gamma'} & (T > T_c \text{ のとき}) \end{cases} \tag{8.30}$$

によって定義すると，$T > T_c$, $T < T_c$ における M^2 の振る舞いを用いて $\gamma = \gamma' = 1$ が示される．

最後に，$T = T_c$ における磁化の磁場依存性を表す臨界指数 δ は

$$\bar{\mu} NM \sim |H|^{1/\delta} \qquad (T = T_c) \tag{8.31}$$

によって定義され，(8.18) の右辺のマクローリン展開 $\tanh(M + h/zJ) \sim (M + h/zJ) - (M + h/zJ)^3/3$ を用いて $\delta = 3$ を示すことができる．

8.2.6　平均場近似の限界

ここまでみてきた平均場近似では，相転移温度（臨界温度ともよばれる）は $T_c = zJ/k_B$ であり，格子の配位数のみで決まっている．実験や計算機シミュレーションによれば，相転移温度は格子構造にも依存する．また，2 次元正方格子の平均場近似の結果，$T_c = 4J/k_B$ は厳密解

$$T_c = \frac{2}{\ln(\sqrt{2}+1)} \frac{J}{k_B} \simeq 2.26918 \times \frac{J}{k_B}$$

とは一致しないことがわかっている．

厳密解およびいくつかの近似によって求められた 2 次元正方格子上のイジング模型の比熱の温度依存性を図 8.9 に示す．平均場近似の改良によって，相転移温度として，より厳密解に近い値が得られている．

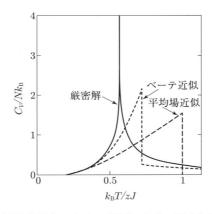

図 8.9　2 次元正方格子上のイジング模型の比熱の温度依存性．実線は厳密解，破線は 8.2 節でみた平均場近似，点線はベーテ近似（章末の問題 [5] を参照）の結果である．

一方，これらの近似法では，自由エネルギーが秩序変数 M の正則関数で与えられる．したがって，$M \simeq 0$ となる臨界点近傍の自由エネルギーを M のべき関数に展開すると，数個の項で近似できるので，どの近似を用いても，得られる臨界指数は次元や格子の構造とは関係なく，常に平均場近似のものと一致することになる（章末の問題［3］のランダウ理論を参照）．臨界指数に対する実験値や，イジング模型の厳密解，計算機シミュレーションによる推定値は，平均場近似の値とは異なっており，さらにその値は格子構造ではなく，次元によって決まった値をとることが知られている．このような性質を**普遍性（ユニバーサリティー）**とよぶ．

表 8.1 に，イジングスピン系の主な臨界指数の値をまとめておく．

表 8.1 イジングスピン系の主な臨界指数

臨界指数	定義	平均場近似	2 次元	3 次元	観測値の範囲
α	$C_H \propto (T-T_c)^{-\alpha}$ $(T>T_c)$	0	$0^{(1)}$	~ 0.11	$-0.2 \sim 0.2$
α'	$C_H \propto (T_c-T)^{-\alpha'}$ $(T<T_c)$	0	$0^{(1)}$	~ 0.11	$-0.2 \sim 0.3$
β	$M \propto (T_c-T)^{\beta}$ $(T<T_c)$	1/2	1/8	~ 0.325	$0.3 \sim 0.4$
γ	$\chi \propto (T-T_c)^{-\gamma}$ $(T>T_c)$	1	7/4	~ 1.24	$1.2 \sim 1.4$
γ'	$\chi \propto (T_c-T)^{-\gamma'}$ $(T<T_c)$	1	7/4	~ 1.24	$1 \sim 1.2$
δ	$M \propto |H|^{1/\delta}$ $(T=T_c)$	3	15	~ 4.82	$4 \sim 5$

(1)：対数的な発散を示す．

臨界点では，スピンの向きの長距離秩序が出現するのに伴い，スピンのゆらぎの相関距離が発散する．一方，平均場近似やその改良された近似では，ある限られた数のスピン以外は平均で置き換えられており，臨界現象において主要なはたらきをする長距離の構造のゆらぎが無視されることになる．したがって，これらのどの近似においても正しい臨界指数を求めることができないのである．空間次元を考慮に入れた，より正確な考え方によれば，$d \geq 4$ のときには平均場近似が正しい臨界指数を与えることが示されている†．

---

† W. Gephardt and U. Krey 著，好村滋洋 訳：「相転移と臨界現象」（吉岡書店）を参照．また，新しい取り扱い方については付録 I を参照．

問題

[1] N 個のイジングスピンが環状に並んだ系を考える．ハミルトニアンは

$$H = -\sum_{i=1}^{N} J\sigma_i\sigma_{i+1} \qquad (\sigma_{N+1} = \sigma_1)$$

で与えられる．分配関数は

$$Z = \sum_{\{\sigma_i\}=\pm 1} \exp\left(K \sum_i \sigma_i \sigma_{i+1}\right)$$

で与えられる．ただし，$K \equiv J/k_\mathrm{B}T$ とする．

(1) σ_i の値は ± 1 であるから，$\exp(K\sigma_i\sigma_{i+1}) = \cosh K + \sigma_i\sigma_{i+1}\sinh K$ が成り立つことを示せ．

(2) 分配関数が

$$Z = 2^N \left[(\cosh K)^N + (\sinh K)^N\right]$$

で与えられることを示せ．

(3) $N \gg 1$ のときは

$$Z = (2\cosh K)^N$$

であることを示し，これから比熱の温度依存性を求めて，どの温度においても異常を示さないことを確かめよ．

[2] ハミルトニアン

$$H = -\sum_{\langle i,j \rangle} J\sigma_i\sigma_j$$

で表される相互作用 ($J > 0$) をするスピン系がある．和は，最近接格子点対についてとり，各スピンは $\sigma_i = -1, 0, 1$ の 3 つの状態をとるものとする．このとき，平均場近似により，相転移温度を求めよ．

[3] ランダウ理論：2 次相転移

自由エネルギーを秩序変数 M と温度 T の関数と考え，$M \simeq 0$ のとき

$$A(M,T) = A_0(T) + \frac{a}{2}(T-T_\mathrm{c})M^2 + \frac{b}{4}M^4 + \cdots$$

と展開する．ここで，a, b は正定数である．M の奇数次の項を含めないのは，磁場がないときには系の対称性から $A(M,T) = A(-M,T)$ が満たされるはずだからである．

(1) 平衡状態における秩序変数を求めよ.

(2) 平衡状態の自由エネルギーを求めよ.

(3) 平衡状態におけるエントロピーを求め，転移点での潜熱がないことを示せ.

(4) 比熱の温度依存性を求め，転移点の直上と直下における比熱の値の差を求めよ.

[4] **ランダウ理論：1次相転移**

秩序変数が小さいとき，自由エネルギーが

$$A(M,T) = A_0(T) + \frac{a}{2}(T-T_0)M^2 - \frac{b}{4}M^4 + \frac{c}{6}M^6 + \cdots$$

と展開できるものと考える．ここで a, b, c は正定数である．平衡状態における秩序変数を求めよ．また，温度によって極小点の数がどのように変化するかを論じよ．

[5] 温度 T の熱溜に接した蜂の巣格子上の強磁性イジング模型を考える．各格子点上にあるスピンは，その最近接格子点上のスピンとのみ相互作用をするものとする．いま，この蜂の巣格子内にある，右図に示したような4個のスピン σ_0, σ_1, σ_2, σ_3 を考え，これらの4個のスピンのハミルトニアンが

$$\mathcal{H} = -J\sigma_0(\sigma_1+\sigma_2+\sigma_3) - h(\sigma_1+\sigma_2+\sigma_3)$$

(ただし，$J > 0$) で与えられるものとする．ここで磁場 h は，これらの4個のスピン以外のスピンが σ_1, σ_2, σ_3 に及ぼす影響を近似的に表すものとして導入された平均場

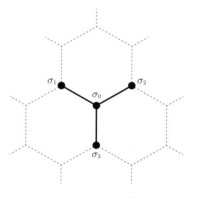

である．さらに，σ_0, σ_1, σ_2, σ_3 の平均値は，このハミルトニアンで決定されるものとする．

(1) スピン σ_0 の平均値 $\langle\sigma_0\rangle$ を h の関数として表せ．

(2) $(1/3)(\sigma_1 + \sigma_2 + \sigma_3)$ の平均値

$$\langle\sigma\rangle \equiv \frac{1}{3}\langle\sigma_1+\sigma_2+\sigma_3\rangle$$

を h の関数として表せ．

(3) すべてのスピンが同等であるという条件 $\langle\sigma_0\rangle = \langle\sigma\rangle$ を課すと，平均場 h は次式を満たすことを示せ．

$$e^{\beta h} = \frac{\cosh\{\beta(h+J)\}}{\cosh\{\beta(h-J)\}}$$

(4) 十分高い温度から温度を下げると，このイジング模型はある温度 T_c で，$\langle\sigma\rangle = 0$ の常磁性相から $\langle\sigma\rangle \neq 0$ の強磁性相に転移する．この過程で平均場 h の値がどのように変化するかを定性的に説明し，(3) に与えた式を利用して T_c を求めよ．(この方法は他の格子にも応用できる近似法であり，**ベーテ近似**とよばれている．)

付　録

付録 A　熱力学のまとめ

A.1　基本法則

　熱力学は，巨視的な変数のみを用いて物質の性質を記述するものである．通常，状態が時間的に変化しない平衡状態を扱い，与えられた条件の下で，適切な熱力学ポテンシャルが極値（最大または最小）をとるという条件によって，その平衡状態を特徴づける．

　最も単純な系では，系の状態を決める巨視的変数はエネルギー E，体積 V，粒子数 N であり，これらの変数が一定に保たれた系（閉じた系という）の平衡状態は，エントロピー $S = S(E, V, N)$ が最大になるという条件で決められる．この法則を**熱力学第 2 法則**という．

　外部から熱量 Q や仕事 W，化学仕事 Z（物質の移動にともなうエネルギーの流れ）が加えられて，1 つの平衡状態から別の平衡状態に変わったとき，エネルギー（正確には系の巨視的な運動に伴うエネルギーを除いた内部エネルギー）の変化量 ΔE は

$$\Delta E = Q + W + Z \tag{A.1}$$

で与えられる．これは，エネルギーの保存則を表すもので，**熱力学第 1 法則**とよばれる．常に平衡状態を保ちつつ，無限に小さな変化を行う準静的過程においては，

$$dE = T\,dS - P\,dV + \mu\,dN \tag{A.2}$$

と表すことができる．ここで T, P, μ は温度，圧力，化学ポテンシャルであり，それぞれ示量変数であるエントロピー，体積，粒子数に関するエネルギーの偏導関数で次のように与えられる．

$$T = \frac{\partial E}{\partial S}, \qquad P = -\frac{\partial E}{\partial V}, \qquad \mu = \frac{\partial E}{\partial N} \tag{A.3}$$

　これらの量は，系の大きさに依存しない量のため，**示強変数**とよばれる．(A.2) を書き換えると，エントロピーの増分を

$$dS = \frac{1}{T}\,dE + \frac{P}{T}\,dV - \frac{\mu}{T}\,dN \tag{A.4}$$

と表すことができる．

　独立変数を示強変数にとるときは，平衡状態はルジャンドル変換されたポテンシャルが極値をとるという条件によって特徴づけられる．例えば，温度を一定に保った

過程においては
$$A = E - TS \tag{A.5}$$
で定義されるヘルムホルツの自由エネルギーを用いる．このとき，
$$\begin{aligned} dA &= dE - d(TS) = T\,dS - P\,dV + \mu\,dN - T\,dS - S\,dT \\ &= -S\,dT - P\,dV + \mu\,dN \end{aligned} \tag{A.6}$$
が成立する．

表 A.1 にエネルギーおよびそのルジャンドル変換について，また表 A.2 にエントロピーおよびそのルジャンドル変換についてまとめておく．

熱力学第 3 法則は，絶対温度がゼロの状態においてエントロピーがゼロとなることを主張するもので
$$\left(\frac{\partial E}{\partial S}\right)_{V,N} = 0 \text{ の状態では } S = 0 \text{ となる}$$
と表される．

表 A.1 エネルギーおよびそのルジャンドル変換（1 成分系）

熱力学ポテンシャル		独立変数	全微分
エネルギー	E	S, V, N	$dE = T\,dS - P\,dV + \mu\,dN$
エンタルピー	$H \equiv E + PV$	S, P, N	$dH = T\,dS + V\,dP + \mu\,dN$
ヘルムホルツの自由エネルギー	$A \equiv E - TS$	T, V, N	$dA = -S\,dT - P\,dV + \mu\,dN$
ギブスの自由エネルギー	$G \equiv E - TS + PV$ $= \mu N$	T, P, N	$dG = -S\,dT + V\,dP + \mu\,dN$
$\mathcal{J}$ 関数（グランドポテンシャル）	$\mathcal{J} \equiv E - TS - \mu N$ $= -PV$	T, V, μ	$d\mathcal{J} = -S\,dT - P\,dV - N\,d\mu$

表 A.2 エントロピーおよびそのルジャンドル変換（1 成分系）

熱力学ポテンシャル		独立変数	全微分
エントロピー	S	E, V, N	$dS = \frac{1}{T}dE + \frac{P}{T}dV - \frac{\mu}{T}dN$
マシュー関数	$\Psi \equiv S - \frac{1}{T}E = -\frac{A}{T}$	$\frac{1}{T}, V, N$	$d\Psi = -E\,d\frac{1}{T} + \frac{P}{T}dV - \frac{\mu}{T}dN$
プランク関数	$\Phi \equiv S - \frac{1}{T}E - \frac{P}{T}V$ $= -\frac{G}{T}$	$\frac{1}{T}, \frac{P}{T}, N$	$d\Phi = -E\,d\frac{1}{T} - V\,d\frac{P}{T} - \frac{\mu}{T}dN$ $d\Phi = -H\,d\frac{1}{T} - \frac{V}{T}dP - \frac{\mu}{T}dN$
クラマース関数	$q \equiv S - \frac{1}{T}E + \frac{\mu}{T}N$ $= -\frac{\mathcal{J}}{T}$	$\frac{1}{T}, V, \frac{\mu}{T}$	$dq = -E\,d\frac{1}{T} + \frac{P}{T}dV + N\,d\frac{\mu}{T}$

熱力学量に関するいくつかの性質や定義をまとめておく．

(1) $S = S(E, V, N)$ は示量変数であるから，(E, V, N) の 1 次同次関数であり，λ を任意の実数として

$$S(\lambda E, \lambda V, \lambda N) = \lambda S(E, V, N) \tag{A.7}$$

を満たす．

(2) 熱力学ポテンシャルの 1 次偏導関数である示強変数は 0 次の同次関数である．例えば，温度 $T = (\partial E/\partial S)_{V,N}$ は，

$$T(\lambda E, \lambda V, \lambda N) = T(E, V, N) \tag{A.8}$$

を満たす．実際，エネルギーが示量変数だから $E(\lambda S, \lambda V, \lambda N) = \lambda E(S, V, N)$ を満たし，この式の両辺を S で偏微分すれば (A.8) となる．この性質は，示強変数が系のどの部分をとっても同じ値であることを保証するものである．

(3) 示強変数を独立な示量変数で表した関係

$$T = T(E, V, N) \tag{A.9}$$
$$P = P(E, V, N) \tag{A.10}$$
$$\mu = \mu(E, V, N) \tag{A.11}$$

を**状態方程式**という．

(4) (A.7) の両辺を λ で微分して $\lambda = 1$ とおき，示強変数の定義を用いると，**オイラーの関係式**

$$E = TS - PV + \mu N \tag{A.12}$$

が導かれる．

(5) (A.12) の全微分をとり，熱力学第 1 法則を用いると，**ギブス-デュエムの関係**

$$S\,dT - V\,dP + N\,d\mu = 0 \tag{A.13}$$

が導かれる．この関係は，3 つの示強変数が互いに独立ではないことを意味している．

(6) 示強変数を変化させたときの系の応答は 2 次偏導関数で表され，それぞれ固有の名前が付けられている（粒子数 N は一定である）．

$$\text{熱膨張係数：}\quad \alpha = \frac{1}{V}\left(\frac{\partial V}{\partial T}\right)_P \tag{A.14}$$

$$\text{等温圧縮率：}\quad \kappa_T = -\frac{1}{V}\left(\frac{\partial V}{\partial P}\right)_T \tag{A.15}$$

$$\text{定積比熱：}\quad C_V = T\left(\frac{\partial S}{\partial T}\right)_V = \left(\frac{\partial E}{\partial T}\right)_V \tag{A.16}$$

$$\text{定圧比熱：}\quad C_P = T\left(\frac{\partial S}{\partial T}\right)_P = \left(\frac{\partial H}{\partial T}\right)_P \tag{A.17}$$

A.2 相転移の熱力学

8.1 節で説明した相転移においては，様々な物理量が不連続的な変化を示す．温度を一定に保った場合，ギブスの自由エネルギー G の圧力依存性は，図 A.1(a) のような振る舞いを示す．体積は G の偏導関数

$$V = \left(\frac{\partial G}{\partial P}\right)_{T,N}$$

で与えられるから，転移点の上下で不連続となる．同様に，エントロピーは G の偏導関数

$$S = -\left(\frac{\partial G}{\partial T}\right)_{P,N}$$

で与えられるから，転移点の上下で不連続となる．このように，熱力学ポテンシャルの 1 次偏微分係数が不連続となる転移は **1 次相転移**とよばれる．

ヘルムホルツの自由エネルギーは $A = G - PV$ で与えられるから，相転移点前後の相 I と相 II の A の値には $P(V^{\mathrm{I}} - V^{\mathrm{II}})$ だけの差がある．2 つの相が共存している状態では，圧力の無限小の変化で，それぞれの相にある物質の量が変化し，圧力が一定に保たれつつ，体積が連続的に変化する．したがって，ヘルムホルツの自由エネルギーは，図 A.1(b) のような体積依存性を示す．

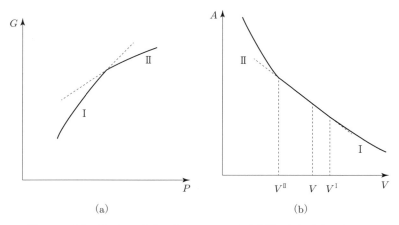

図 A.1 (a) ギブスの自由エネルギーの圧力依存性．相転移点のところで偏微分係数，すなわち体積が不連続となる．
(b) ヘルムホルツの自由エネルギーの体積依存性．体積が V^{I} から V^{II} まで変わる間，圧力は一定に保たれるので，ヘルムホルツの自由エネルギーは直線的に変化する．

共存状態で系全体の体積が V ($V^{\mathrm{II}} < V < V^{\mathrm{I}}$) であるとき，各相にある物質の割合を x^{I}, x^{II} とすると
$$V = x^{\mathrm{I}} V^{\mathrm{I}} + x^{\mathrm{II}} V^{\mathrm{II}}$$
が満たされる．$x^{\mathrm{I}} + x^{\mathrm{II}} = 1$ に注意して，
$$\frac{x^{\mathrm{I}}}{x^{\mathrm{II}}} = \frac{V - V^{\mathrm{II}}}{V^{\mathrm{I}} - V}$$
を得る．この関係を**てこの規則**とよぶ．

P-T 面上における共存線の形は，転移点における 2 つの相のエントロピーの差 ΔS と体積の差 ΔV によって決まる．実際，図 8.2(b) に示した共存線上の近接した 2 点 A, B を考えよう．

それぞれの点における平衡条件から
$$\mu^{\mathrm{I}}_{\mathrm{A}} = \mu^{\mathrm{II}}_{\mathrm{A}}, \qquad \mu^{\mathrm{I}}_{\mathrm{B}} = \mu^{\mathrm{II}}_{\mathrm{B}}$$
が成り立つ．これらの式の差をとると
$$\mu^{\mathrm{I}}_{\mathrm{A}} - \mu^{\mathrm{I}}_{\mathrm{B}} = \mu^{\mathrm{II}}_{\mathrm{A}} - \mu^{\mathrm{II}}_{\mathrm{B}}$$
である．A, B における温度と圧力の差をそれぞれ dT, dP とすると，それぞれの相について $d\mu = -s\,dT + v\,dP$ であるから（ただし，$s = S/N$, $v = V/N$），
$$-s^{\mathrm{I}} dT + v^{\mathrm{I}} dP = -s^{\mathrm{II}} dT + v^{\mathrm{II}} dP$$
が満たされる．すなわち，
$$\frac{dP}{dT} = \frac{s^{\mathrm{I}} - s^{\mathrm{II}}}{v^{\mathrm{I}} - v^{\mathrm{II}}} = \frac{\Delta S}{\Delta V}$$
が，共存線の形を決める．

転移の潜熱 l は，$l = T \Delta S$ によりエントロピーの差と関係づけられるから，上式は
$$\frac{dP}{dT} = \frac{l}{T \Delta V}$$
と表すことができる．この関係を**クラウジウス-クラペイロンの式**とよぶ．

付録 B　よく使われる数学公式

B.1　階乗とスターリングの公式

1 から N までの整数を掛けた量を N の**階乗**とよび，
$$N! = N \cdot (N-1) \cdot (N-2) \cdots 2 \cdot 1 \tag{B.1}$$
と表す．

B.1 階乗とスターリングの公式

階乗は，次のように積分で表現できる．

$$N! = \int_0^\infty t^N e^{-t}\,dt \tag{B.2}$$

この積分の N を任意の複素数 z と考えて，**ガンマ関数**を

$$\Gamma(z) = \int_0^\infty t^{z-1} e^{-t}\,dt \tag{B.3}$$

により定義する．z が実数のときのガンマ関数を図 B.1 に示す．

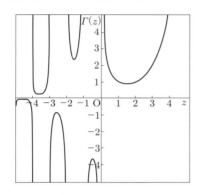

図 B.1 実数変数のガンマ関数

すぐにわかるように，

$$\Gamma(N+1) = N! \tag{B.4}$$

$$\Gamma\left(\frac{1}{2}\right) = \sqrt{\pi},\quad \Gamma(1) = 1,\quad \Gamma\left(\frac{3}{2}\right) = \frac{\sqrt{\pi}}{2},\quad \Gamma(2) = 1 \tag{B.5}$$

である．

N が十分大きいとき（実際は 10 以上くらいで十分成り立つ），

$$\ln N! \simeq N \ln N - N \tag{B.6}$$

あるいは

$$N! \simeq \left(\frac{N}{e}\right)^N \tag{B.7}$$

という**スターリングの公式**が成立する．ここで，e は**ネイピア数**であり，$\ln$ は e を底とする対数（自然対数）を表す．

同様に，ガンマ関数に対して

$$\Gamma(z) \simeq \sqrt{2\pi z}\left(\frac{z}{e}\right)^z \qquad (|\arg z| < \pi,\ |z| \gg 1) \tag{B.8}$$

が成立する．

B.2 組み合わせ

N 個の相異なる要素から n 個のものを重複を許さずに取り出すとき，その選び方の総数は，

$$_N\mathrm{C}_n = \frac{N!}{n!(N-n)!} \tag{B.9}$$

で与えられる．この公式は，順列を考えることから導かれる．実際，N 個の相異なる要素から n 個のものを取り出して順に並べるとき，その並べ方（順列）の数は

$$_N\mathrm{P}_n = N(N-1)(N-2)\cdots(N-n+1) \tag{B.10}$$

となる．この順列の数は，n 個の要素を取り出す組み合わせの数 $_N\mathrm{C}_n$ とそれらの並べ方の数 $n!$ を掛けた量であり，

$$_N\mathrm{P}_n = N(N-1)(N-2)\cdots(N-n+1) = \frac{N!}{(N-n)!} = {_N\mathrm{C}_n} n!$$

が成立するから，(B.9) が示される．

$_N\mathrm{C}_n$ は，組み合わせ（Combination）を表す記号であるが，二項係数ともよばれ，a と b の和の N 乗に対して

$$(a+b)^N = \sum_{n=0}^{N} {_N\mathrm{C}_n}\, a^n b^{N-n} \tag{B.11}$$

が成立する．この展開公式を**二項定理**という．

二項定理を繰り返し使うことにより，**多項定理**

$$(x_1 + x_2 + \cdots + x_m)^N = \sum_{n_i \geq 0,\, \sum_i n_i = N} \frac{N!}{n_1! n_2! \cdots n_m!} x_1^{n_1} x_2^{n_2} \cdots x_m^{n_m} \tag{B.12}$$

が導かれる．

N 個の相異なる要素から n 個のものを重複を許して取り出すとき，その組み合わせの総数は，

$$_N\mathrm{H}_n = \frac{(N+n-1)!}{n!(N-1)!} \tag{B.13}$$

で与えられる．記号 H は，斉次積（Homogeneous product）の頭文字である．$_N\mathrm{H}_n$ は，斉次多項式

$$(x_1 + x_2 + \cdots + x_n)^N \tag{B.14}$$

を展開したときに出てくる項の数に等しい．

公式 (B.13) は，次のようにして導かれる．まず，N 個の要素を順に 1 列に並べる．ある要素を取り出したことを表すために，図 B.2 のようにその右側に点を付ける．n 個を取り出すので，左端の固定した要素の右側に，$N-1$ 個の要素と n 個の

図 B.2 大きな○が要素で，その右側の小点の数がその要素が選択された回数を表す．左端の要素を除く $N-1+n$ 個の○と小点の順列を，○および小点それぞれの順列で割った量が ${}_N\mathrm{H}_n$ になる．

点が並んだ順列ができる．順列の数は $(N+n-1)!$ であるが，組み合わせは，$N-1$ 個の要素の並び方，n 個の点の並び方には依存しないので，その総数 $(N-1)! \times n!$ で割ったものが，組み合わせの総数となる．

B.3 等比級数

初項 a，公比 r，項数 n の等比数列

$$a, ar, ar^2, ar^3, \cdots, ar^{n-1} \tag{B.15}$$

の和（等比級数）S_n は

$$S_n = a + ar + ar^2 + ar^3 + \cdots + ar^{n-1} = \frac{a(1-r^n)}{1-r} \quad (ただし，r \neq 1) \tag{B.16}$$

で与えられる．なぜなら，

$$S_n = a + ar + ar^2 + ar^3 + \cdots + ar^{n-1}$$

に公比 r を掛けると

$$rS_n = ar + ar^2 + ar^3 + ar^4 \cdots + ar^{n-1} + ar^n$$

であり，これら 2 式の差をとった

$$(1-r)S_n = a - ar^n$$

より，$r \neq 1$ のときには (B.16) となるからである．$r = 1$ のときは，$S_n = na$ である．

$|r| < 1$ のときは，項数を無限に大きくしても和が存在し，初項 a，公比 r の無限等比級数 S は

$$S = a + ar + ar^2 + ar^3 + \cdots = \frac{a}{1-r} \tag{B.17}$$

で与えられる．

B.4 テイラー展開

関数 $f(x)$ を $x = a$ の近傍で近似する多項式

$$f(x) = f(a) + f'(a)(x-a) + \frac{1}{2!}f''(a)(x-a)^2 + \cdots + \frac{1}{k!}f^{(k)}(a)(x-a)^k + \cdots \tag{B.18}$$

を，関数 $f(x)$ の $x = a$ の周りの**テイラー展開**という．ここで，
$$f^{(k)}(a) \equiv \left. \frac{d^k f(x)}{dx^k} \right|_{x=a}$$
は，$f(x)$ の $x = a$ における k 次微分係数である．特に，$a = 0$ のときの展開
$$f(x) = f(0) + f'(0)\,x + \frac{1}{2!}f''(0)\,x^2 + \cdots + \frac{1}{k!}f^{(k)}(0)\,x^k + \cdots \tag{B.19}$$
を，関数 $f(x)$ の**マクローリン展開**という．

よく知られているマクローリン展開は
$$e^x = 1 + x + \frac{1}{2!}x^2 + \cdots + \frac{1}{n!}x^n + \cdots \tag{B.20}$$
$$\sin x = x - \frac{1}{3!}x^3 + \frac{1}{5!}x^5 - \cdots + \frac{(-1)^{n-1}}{(2n-1)!}x^{2n-1} + \cdots \tag{B.21}$$
$$\cos x = 1 - \frac{1}{2!}x^2 + \frac{1}{4!}x^4 - \cdots + \frac{(-1)^{n-1}}{\{2(n-1)\}!}x^{2(n-1)} \tag{B.22}$$
$$\log(1+x) = x - \frac{1}{2}x^2 + \frac{1}{3}x^3 - \cdots + \frac{(-1)^{n-1}}{n}x^n + \cdots \tag{B.23}$$
$$\sinh x = x + \frac{1}{3!}x^3 + \frac{1}{5!}x^5 + \cdots + \frac{1}{(2n-1)!}x^{2n-1} + \cdots \tag{B.24}$$
$$\cosh x = 1 + \frac{1}{2!}x^2 + \frac{1}{4!}x^4 + \cdots + \frac{1}{\{2(n-1)\}!}x^{2(n-1)} + \cdots \tag{B.25}$$
$$\tanh x = x - \frac{1}{3}x^3 + \frac{2}{15}x^5 - \frac{17}{315}x^7 + \cdots \tag{B.26}$$
$$\coth x - \frac{1}{x} = \frac{1}{3}x - \frac{1}{45}x^3 + \frac{2}{945}x^5 - \cdots \tag{B.27}$$
などである（$\sinh x$ 等の定義は B.5 を参照）．

B.5 双曲線関数

オイラーの関係式
$$e^{\pm ix} = \cos x \pm i \sin x \tag{B.28}$$
が成立することは，両辺のマクローリン展開を比べれば容易に示せる．これより $\cos x$, $\sin x$ は，
$$\cos x = \frac{e^{ix} + e^{-ix}}{2}, \qquad \sin x = \frac{e^{ix} - e^{-ix}}{2i} \tag{B.29}$$
という関係を満たす．よく知られているように，$x = \cos t$, $y = \sin t$ は，2 次元平

B.5 双曲線関数

面内の円 $x^2 + y^2 = 1$ を表す.

実数を変数とする指数関数 e^x, e^{-x} を用いて, (B.29) と同様の関係から**双曲線関数**とよばれる一連の関数が定義される. 双曲線余弦関数 $\cosh x$ (hyperbolic cosine：ハイパボリックコサイン) および双曲線正弦関数 $\sinh x$ (hyperbolic sine：ハイパボリックサイン) は

$$\cosh x = \frac{e^x + e^{-x}}{2}, \qquad \sinh x = \frac{e^x - e^{-x}}{2} \tag{B.30}$$

により定義され, 三角関数と同様に双曲線正接 $\tanh x$ (hyperbolic tangent：ハイパボリックタンジェント), 双曲線余接関数 $\coth x$ (hyperbolic cotangent：ハイパボリックコタンジェント) は

$$\tanh x = \frac{\sinh x}{\cosh x} = \frac{e^x - e^{-x}}{e^x + e^{-x}}, \qquad \coth x = \frac{1}{\tanh x} = \frac{e^x + e^{-x}}{e^x - e^{-x}} \tag{B.31}$$

により定義される.

また, 双曲線正割 $\operatorname{sech} x$ (hyperbolic secant：ハイパボリックセカント), 双曲線余割関数 $\operatorname{cosech} x$ または $\operatorname{csch} x$ (hyperbolic cosecant：ハイパボリックコセカント) は

$$\operatorname{sech} x = \frac{1}{\cosh x} = \frac{2}{e^x + e^{-x}}, \qquad \operatorname{cosech} x = \frac{1}{\sinh x} = \frac{2}{e^x - e^{-x}} \tag{B.32}$$

で定義される. $\cosh^2 x - \sinh^2 x = 1$ であるから, $x = \cosh t$, $y = \sinh t$ は, 2次元平面内の双曲線 $x^2 - y^2 = 1$ を表す.

以下の微分公式は容易に確かめられる.

$$\frac{d}{dx}\sinh x = \cosh x \tag{B.33}$$

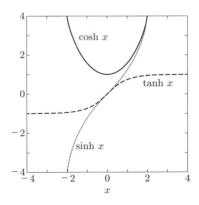

図 B.3 $\cosh x$, $\sinh x$, $\tanh x$ の振る舞い

$$\frac{d}{dx}\cosh x = \sinh x \tag{B.34}$$

$$\frac{d}{dx}\tanh x = \frac{1}{\cosh^2 x} \tag{B.35}$$

$$\frac{d}{dx}\coth x = -\frac{1}{\sinh^2 x} \tag{B.36}$$

B.6 全微分

2 変数の関数 $f(x,y)$ や 3 変数の関数 $f(x,y,z)$(一般の多変数関数についても同様である)について,変数が微小な変化をしたときの関数の変化量

$$df = f(x+dx, y+dy) - f(x,y) \tag{B.37}$$

や

$$df = f(x+dx, y+dy, z+dz) - f(x,y,z) \tag{B.38}$$

を,関数 f の**全微分**という.以下,3 変数の関数についてのみ解説する.

全微分は,**偏導関数** $(\partial f/\partial x)_{y,z}$ などを用いて

$$df = \left(\frac{\partial f}{\partial x}\right)_{y,z} dx + \left(\frac{\partial f}{\partial y}\right)_{x,z} dy + \left(\frac{\partial f}{\partial z}\right)_{x,y} dz \tag{B.39}$$

と表される.改めて偏導関数を

$$A(x,y,z) = \left(\frac{\partial f}{\partial x}\right)_{y,z}, \quad B(x,y,z) = \left(\frac{\partial f}{\partial y}\right)_{x,z}, \quad C(x,y,z) = \left(\frac{\partial f}{\partial z}\right)_{x,y}$$

と書くと,

$$df = A(x,y,z)\,dx + B(x,y,z)\,dy + C(x,y,z)\,dz \tag{B.40}$$

である.

通常,物理学で出てくる関数は高次の微分が可能であり,2 次偏導関数はその微分の順序に依存せず,

$$\frac{\partial^2 f}{\partial x\,\partial y} = \frac{\partial^2 f}{\partial y\,\partial x} \tag{B.41}$$

などが成立する.したがって,

$$\frac{\partial A}{\partial y} = \frac{\partial B}{\partial x}, \quad \frac{\partial A}{\partial z} = \frac{\partial C}{\partial x}, \quad \frac{\partial B}{\partial z} = \frac{\partial C}{\partial y} \tag{B.42}$$

が成り立つ.

B.7 n 次元球の体積

半径 r の円の面積は πr^2 であり,半径 r の球の体積は $4\pi r^3/3$ である.これらは,それぞれ 2 次元空間 (x_1, x_2) における $x_1^2 + x_2^2 \leq r^2$ の領域,3 次元空間 (x_1, x_2, x_3) における $x_1^2 + x_2^2 + x_3^2 \leq r^2$ の領域の面積あるいは体積である.一般に,n 次元空間 $(x_1, x_2, \cdots, x_n)$ における $x_1^2 + x_2^2 + \cdots + x_n^2 \leq r^2$ の領域(n 次元球)の体積 $V_n(r)$ は

$$V_n(r) = \frac{\pi^{n/2}}{\Gamma((n/2)+1)} r^n \tag{B.43}$$

で与えられる.

一方,球の表面積は体積の半径に関する導関数で与えられ,n 次元球の表面積 $S_n(r)$ は

$$S_n(r) = \frac{2\pi^{n/2}}{\Gamma(n/2)} r^{n-1} \tag{B.44}$$

と表される.$n = 2$ は半径 r の円周 $S_2(r) = 2\pi r$,$n = 3$ は半径 r の球の表面積 $S_3 = 4\pi r^2$ であることが確かめられる.

B.8 ガウス積分

ガウス関数 e^{-ax^2} ($a > 0$) の $[-\infty, \infty]$ における積分は

$$I = \int_{-\infty}^{\infty} e^{-ax^2} dx = \sqrt{\frac{\pi}{a}} \tag{B.45}$$

で与えられる.実際,I^2 を (x, y) 面上の 2 重積分で表すと

$$I^2 = \int_{-\infty}^{\infty} \int_{-\infty}^{\infty} e^{-a(x^2+y^2)} dx\, dy$$

であり,極座標 $x = r\cos\theta$, $y = r\sin\theta$ を用いて,

$$I^2 = \int_0^{\infty} \int_0^{2\pi} e^{-ar^2} r\, dr\, d\theta$$
$$= 2\pi \frac{1}{a} \int_0^{\infty} te^{-t^2} dt$$
$$= \frac{\pi}{a}$$

を得る.

B.9 状態密度

エネルギー状態 E_r ($r = 1, 2, 3, \cdots$) の関数 $f(E_r)$ をすべての状態について和を

とった量
$$F = \sum_r f(E_r) \tag{B.46}$$
は，状態密度 $D(E)$ を用いた積分
$$F = \int_{-\infty}^{\infty} f(E) \, D(E) \, dE \tag{B.47}$$
で表すことができる．ここで，状態密度 $D(E)$ は，$E \leq E_r \leq E + dE$ を満たす状態の数が $D(E)dE$ となるように定義される量であり，**ディラックの δ 関数**を用いて
$$D(E) = \sum_r \delta(E - E_r) \tag{B.48}$$
で与えられる．(B.48) を (B.47) に代入して
$$F = \int_{-\infty}^{\infty} f(E) \sum_r \delta(E - E_r) \, dE$$
$$= \sum_r \int_{-\infty}^{\infty} f(E) \, \delta(E - E_r) \, dE$$
$$= \sum_r f(E_r)$$
が確かめられる．ここで，δ 関数の性質
$$\int_{-\infty}^{\infty} f(x) \, \delta(x - a) \, dx = f(a)$$
を用いた．

あからさまには書いていないが，E_r は粒子数と体積の関数であるから，状態密度も粒子数と体積に依存するので，状態密度を $D(E, V, N)$ と書くこともある．

エネルギーが E 以下の状態数を $\Sigma(E)$ と表し，
$$\Sigma(E) = \sum_{r, E_r \leq E} 1 \tag{B.49}$$
を用いると
$$D(E) \, dE = \Sigma(E + dE) - \Sigma(E)$$
であるから，
$$D(E) = \frac{\partial \Sigma(E)}{\partial E} \tag{B.50}$$
と表すことができる．ここで $\Sigma(E)$ は V，N に依存するので，それらを一定に保った微分を表す偏微分を用いた．

B.10 平均値とゆらぎ

ランダムな変数 x の分布関数が $P(x)$ であるとき，x の平均値 $\langle x \rangle$ は

$$\langle x \rangle = \int x\, P(x)\, dx \tag{B.51}$$

で与えられる．実際に N 回観測したときの値が $x_1, x_2, \cdots, x_N$ であれば

$$\langle x \rangle = \frac{1}{N} \sum_i x_i \tag{B.52}$$

である．観測回数 N が十分大きいときは，この平均値は (B.51) の平均値と等しくなる．

ランダムな変数が平均値からどれくらい離れた値までとるか，すなわち x のゆらぎの尺度として，平均値からのずれの 2 乗の平均値

$$\langle (\Delta x)^2 \rangle = \int (x - \langle x \rangle)^2 P(x)\, dx = \langle x^2 \rangle - \langle x \rangle^2 \tag{B.53}$$

あるいは，その平方根 $\sqrt{\langle (\Delta x)^2 \rangle}$ が用いられる．観測値に対しても

$$\langle (\Delta x)^2 \rangle = \frac{1}{N} \sum_i \left(x_i - \frac{1}{N} \sum_i x_i \right)^2 = \frac{1}{N} \sum_i (x_i)^2 - \left(\frac{1}{N} \sum_i x_i \right)^2 \tag{B.54}$$

によってゆらぎが定義される．

B.11 ルジャンドル変換

x を独立変数とする関数 $y(x)$ について，独立変数を導関数 $p = dy/dx$ に変更することを考える．例えば，

$$y = \frac{(x-a)^2}{2} \tag{B.55}$$

の独立変数を $p = dy/dx = x - a$ に変えることを考える．単純に $p = dy/dx$ を解いて x を p で表すと $x = p + a$ であり，この関係を元の関数に代入すると $y = p^2/2$ となる．この結果は，元の関数にあったパラメータ a に依存しないので，元の関数の情報が失われていることになる．

元の関数の情報を失わないように構成された p の関数として定義される

$$\phi(p) = y - px \tag{B.56}$$

を，y の**ルジャンドル変換**という．上の例 $y = (x-a)^2/2$ では

$$\phi(p) = y - px = \frac{p^2}{2} - p(p+a) = -\frac{p^2}{2} - pa \tag{B.57}$$

が y のルジャンドル変換になる．

$y = y(x)$ の (x, y) における接線は $Y - y = p(X - x)$ と表されるから，(B.56) の $\phi(p)$ は，その接線の y 切片である．p をパラメータとする直線群 $y = px + \phi(p)$ の包絡線が $y = y(x)$ になっている（図 B.4）．

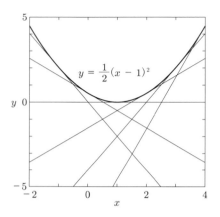

図 B.4 $y = \frac{1}{2}(x-1)^2$ とその接線群 $y = px - \frac{p^2}{2} - p$. 接線群の包絡線が，元の関数になっている．接線群の包絡線を求めるには，$y = px - \frac{p^2}{2} - p$ および，それを p で偏微分して求まる関係式 $0 = x - p - 1$ から p を消去すればよい．

VL 13

付録 C 微視状態の数とエントロピー

微視状態の数とエントロピーを結び付けるボルツマンの関係式 (1.17) を最初に導いたのは，プランクである．プランクは，エントロピー S が微視状態の数 W の関数として

$$S = f(W) \tag{C.1}$$

と表されることを仮定し，関数 $f(W)$ を次のような考え方によって決定した．

2 つの系 1, 2 が合成された系のエントロピーは，エントロピーが示量変数であるから

$$S = S_1 + S_2 \tag{C.2}$$

と与えられるのに対し，微視状態の数は乗算的に増加する．すなわち，

$$W = W_1 \cdot W_2 \tag{C.3}$$

が成り立つ．したがって，関数 $f(W)$ は

$$f(W_1 \cdot W_2) = f(W_1) + f(W_2) \tag{C.4}$$

を満たさなければならない．

この式の両辺を W_1 で微分すると

$$W_2 \, f'(W_1 \cdot W_2) = f'(W_1) \tag{C.5}$$

となり，さらに，この式の両辺を W_2 で微分すると，

$$W_1 \cdot W_2 \, f''(W_1 \cdot W_2) + f'(W_1 \cdot W_2) = 0 \tag{C.6}$$

が導かれる．すなわち，関数 $f(x)$ は微分方程式

$$\frac{d^2 f}{dx^2} = -\frac{1}{x}\frac{df}{dx} \tag{C.7}$$

を満たす．

(C.7) を一度積分すると

$$\ln \frac{df}{dx} = -\ln x + C_0 \tag{C.8}$$

を得る（C_0 は積分定数）．すなわち，

$$\frac{df}{dx} = \frac{C}{x} \tag{C.9}$$

であり（$C = e^{C_0}$），再度積分すれば，

$$f(x) = C \ln x + f_0 \tag{C.10}$$

が導かれる．積分定数 f_0 は，$x = 1$ のときの $f(x)$ の値である．この式は，ボルツマンの関係式そのものである．

付録 D 古典理想気体の微視状態の数

古典粒子系の微視的状態は，各粒子の位置 $\{r_i\}$ と運動量 $\{p_i\}$ によって指定される．N 個の粒子からなる系の微視状態は，$\{r_i\}$ と $\{p_i\}$ で張られる $6N$ 次元の空間内の点として表される．このような空間を**位相空間**とよび，状態を表す点を**代表点**とよぶ．代表点は，時間とともに位相空間内を動き回るので，その微視状態の数は代表点が動き回った位相空間内の体積で決められる．

状態の数を勘定するための単位としては，プランク定数をとればよいことが実験事実から確かめられている．すなわち，1 つの座標と運動量で張られる 2 次元位相空間内の微視状態の数は，プランク定数 h ごとに 1 つ存在すると考える．つまり，N 個の粒子の系であれば，$6N$ 次元の位相空間内には h^{3N} ごとに 1 つの状態が存在すると考えるのである．ただし，同じ種類の粒子は本来区別できないから，同じ種類

の粒子を単に入れ替えただけの状態は同一の状態とみなす必要がある．

さて，理想気体を考えると，外界とのエネルギー，体積や粒子のやり取りがなく系が閉じている場合，代表点が位相空間内を動き回るとき，その軌道はエネルギーが一定となる超曲面（$6N$ 次元空間内の $3N$ 次元球）上にあることに注意しよう．

$$H = \sum_i \frac{1}{2m}\left(p_{ix}^2 + p_{iy}^2 + p_{iz}^2\right) = 一定$$

したがって，代表点が経巡る $6N$ 次元位相空間内の超曲面の体積はゼロになり，微視状態がないという困難が生じる．そこで，系のエネルギーは常に ΔE 程度の不確定さがあるものとして，第 1 章で考察した状態数も E と $E + \Delta E$ の間の状態数 $W(E, \Delta E, V, N)$ を表すものと考える．

$W(E, \Delta E, V, N)$ は，E 以下の状態数 $\Sigma(E, V, N)$ と

$$W(E, \Delta E, V, N) = \Sigma(E + \Delta E, V, N) - \Sigma(E, V, N) = \frac{\partial \Sigma(E, V, N)}{\partial E}\Delta E \tag{D.1}$$

という関係にある．$D(E, V, N) \equiv \partial \Sigma(E, V, N)/\partial E$ は，B.9 節で定義した状態密度である．

N 個の粒子の系でエネルギーが E 以下の状態数は

$$\begin{aligned}\Sigma(E, V, N) = \frac{1}{N!h^{3N}} &\int_0^L dx_1 \int_0^L dy_1 \int_0^L dz_1 \cdots \int_0^L dz_N \\ &\times \int_{-\infty}^{\infty} dp_{1x} \int_{-\infty}^{\infty} dp_{1y} \cdots \int_{-\infty}^{\infty} dp_{Nz} \\ &\quad\frac{1}{2m}(p_{1x}^2+p_{1y}^2+p_{1z}^2+\cdots+p_{Nz}^2)\leq E\end{aligned} \tag{D.2}$$

で与えられる．ただし，粒子を単に入れ替えただけの状態は同じものとみなせるので $N!$ で割った．

各粒子の位置座標に関する積分は体積 V を与える．$3N$ 個の運動量成分についての積分は，$p_{1x} = \sqrt{2mE}\xi_1$ のような変換をすべての運動量の成分について行えば計算でき，$3N$ 次元の単位球の体積を求める積分

$$\int d\xi_1 \int d\xi_2 \cdots \int_{\xi_1^2+\xi_2^2+\cdots+\xi_{3N}^2 \leq 1} d\xi_{3N} = \frac{\pi^{3N/2}}{\Gamma\left(\dfrac{3N}{2}+1\right)}$$

に $(2mE)^{3N/2}$ を掛けたものとなる（付録 B.7 を参照）．したがって，

$$\Sigma(E, V, N) = \frac{V^N}{N!\,h^{3N}}\frac{(2\pi mE)^{3N/2}}{\Gamma\left(\dfrac{3N}{2}+1\right)} \tag{D.3}$$

を得る．ここで，$\Gamma(x)$ はガンマ関数 (B.3) であり，$\Gamma(x+1) = x\Gamma(x)$ を満たす．これより，エネルギーが E と $E + \Delta E$ の間にある状態の数は

$$W(E, \Delta E, V, N) = \frac{V^N}{N!\, h^{3N}} \frac{(2\pi mE)^{3N/2}}{\Gamma\left(\dfrac{3N}{2}\right)} \frac{\Delta E}{E} \tag{D.4}$$

で与えられる．

付録 E　2 原子分子の運動

2 原子分子は，各原子の座標を指定するのに 6 個の変数が必要だから，自由度は 6 である．そのうち 3 個の自由度が全体の並進運動を表し，残りの 3 個の自由度は原子間距離の伸縮を表す振動運動（1 自由度）と分子の軸の回転運動（2 自由度）に分けられる．

2 原子分子の運動エネルギーを，これらの運動に分解しよう．各原子の質量を m_1, m_2 とし，位置ベクトルを $\boldsymbol{r}_1$, $\boldsymbol{r}_2$ とする．運動エネルギーは

$$\mathcal{K} = \frac{1}{2} m_1 \dot{\boldsymbol{r}}_1^2 + \frac{1}{2} m_2 \dot{\boldsymbol{r}}_2^2 \tag{E.1}$$

である．ただし，$\dot{x} = dx/dt$ である．ここで，重心の座標 $\boldsymbol{R}$ と原子 1 から原子 2 をみた相対位置ベクトル $\boldsymbol{r}$ を

$$\boldsymbol{R} = \frac{m_1 \boldsymbol{r}_1 + m_2 \boldsymbol{r}_2}{m_1 + m_2}, \qquad \boldsymbol{r} = \boldsymbol{r}_2 - \boldsymbol{r}_1 \tag{E.2}$$

により定義する．これらの式を $\boldsymbol{r}_1$, $\boldsymbol{r}_2$ について解くと

$$\boldsymbol{r}_1 = \boldsymbol{R} - \frac{m_2}{m_1 + m_2} \boldsymbol{r} \tag{E.3}$$

$$\boldsymbol{r}_2 = \boldsymbol{R} + \frac{m_1}{m_1 + m_2} \boldsymbol{r} \tag{E.4}$$

を得る．これらを時間微分して得られる関係

$$\dot{\boldsymbol{r}}_1 = \dot{\boldsymbol{R}} - \frac{m_2}{m_1 + m_2} \dot{\boldsymbol{r}} \tag{E.5}$$

$$\dot{\boldsymbol{r}}_2 = \dot{\boldsymbol{R}} + \frac{m_1}{m_1 + m_2} \dot{\boldsymbol{r}} \tag{E.6}$$

を (E.1) に代入すると，

$$\mathcal{K} = \frac{1}{2} M \dot{\boldsymbol{R}}^2 + \frac{1}{2} \mu \dot{\boldsymbol{r}}^2 \tag{E.7}$$

と表すことができる．ここで，$M = m_1 + m_2$ は分子の質量，$\mu = (m_1^{-1} + m_2^{-1})^{-1}$

は換算質量である．

相対位置ベクトル $\boldsymbol{r}$ の極座標表示 $\boldsymbol{r} = (r\sin\theta\cos\phi, r\sin\theta\sin\phi, r\cos\theta)$ を用い，その時間微分を相対運動の運動エネルギーに代入して整理すると

$$\frac{1}{2}\mu\dot{\boldsymbol{r}}^2 = \frac{1}{2}\mu(\dot{r}^2 + r^2\dot{\theta}^2 + r^2\sin^2\theta\,\dot{\phi}^2) \tag{E.8}$$

を得る．

一般化された運動量はラグランジアン $\mathcal{L} = \mathcal{K} - \mathcal{V}$ ($\mathcal{V}$ はポテンシャルエネルギー) の速度に関する偏導関数で定義される．重心の座標の α 成分 R_α ($\alpha = x, y, z$) に共役な運動量 P_α は

$$P_\alpha = \frac{\partial \mathcal{L}}{\partial \dot{R}_\alpha} = \frac{\partial \mathcal{K}}{\partial \dot{R}_\alpha} = M\dot{R}_\alpha \tag{E.9}$$

で与えられる．相対運動に関しても，座標 r, θ, ϕ に共役な運動量 p_r, p_θ, p_ϕ は，それぞれ

$$p_r = \frac{\partial \mathcal{L}}{\partial \dot{r}} = \frac{\partial \mathcal{K}}{\partial \dot{r}} = \mu\dot{r} \tag{E.10}$$

$$p_\theta = \frac{\partial \mathcal{L}}{\partial \dot{\theta}} = \frac{\partial \mathcal{K}}{\partial \dot{\theta}} = \mu r^2 \dot{\theta} \tag{E.11}$$

$$p_\phi = \frac{\partial \mathcal{L}}{\partial \dot{\phi}} = \frac{\partial \mathcal{K}}{\partial \dot{\phi}} = \mu r^2 \sin^2\theta\,\dot{\phi} \tag{E.12}$$

で与えられる．したがって，ハミルトニアン $\mathcal{H} = \mathcal{K} + \mathcal{V}$ においては，運動エネルギーは運動量の関数として

$$\mathcal{K} = \frac{1}{2M}(P_x^2 + P_y^2 + P_z^2) + \frac{1}{2\mu}p_r^2 + \frac{1}{2I}\left(p_\theta^2 + \frac{p_\phi^2}{\sin^2\theta}\right) \tag{E.13}$$

と表される．ここで，$I = m_1(\boldsymbol{r}_1 - \boldsymbol{R})^2 + m_2(\boldsymbol{r}_2 - \boldsymbol{R})^2 = \mu r^2$ は分子の重心周りの慣性モーメントである．(E.13) の第 1 項，第 2 項，第 3 項は，それぞれ全体の並進運動，分子の振動運動，分子の回転運動の運動エネルギーを表す．

付録 F　量子力学のいくつかの結果

F.1　調和振動子

1 次元調和振動子のハミルトニアンは

$$\hat{H} = -\frac{\hbar^2}{2m}\frac{d^2}{dq^2} + \frac{m\omega^2}{2}q^2 \tag{F.1}$$

で与えられる．シュレーディンガー方程式

$$\hat{H}\,\psi(q) = E\,\psi(q) \tag{F.2}$$

の固有状態は量子数 n ($n = 0, 1, 2, \cdots$) で特徴づけられ，エネルギー固有値は

$$E_n = \left(n + \frac{1}{2}\right)\hbar\omega \tag{F.3}$$

固有関数は

$$\psi_n(q) = \left(\frac{m\omega}{\pi\hbar}\right)^{1/4} (2^n n!)^{-1/2} H_n\left(\sqrt{\frac{m\omega}{\hbar}}q\right) \exp\left(\frac{-m\omega q^2}{2\hbar}\right) \tag{F.4}$$

で与えられる．ただし，$H_n(x)$ はエルミート多項式である．$n=0$ の状態は，位置と運動量が不確定性原理を満たすことから現れるものであり，**零点振動**とよばれる．

F.2 箱の中の 1 個の自由粒子

一辺 L の立方体の箱の中に入った 1 個の自由粒子（質量 m）を考えよう．ハミルトニアンは

$$\hat{H} = -\frac{\hbar^2}{2m}\left(\frac{\partial^2}{\partial x^2} + \frac{\partial^2}{\partial y^2} + \frac{\partial^2}{\partial z^2}\right) \tag{F.5}$$

であり，その座標表示の固有関数 $\varphi_E(\boldsymbol{r})$ はシュレーディンガー方程式

$$\hat{H}\,\varphi_E(\boldsymbol{r}) = E\,\varphi_E(\boldsymbol{r}) \tag{F.6}$$

を満たす．固有関数 $\varphi_E(\boldsymbol{r})$ に周期境界条件

$$\varphi_E(x+L, y, z) = \varphi_E(x, y+L, z) = \varphi_E(x, y, z+L) = \varphi_E(x, y, z) \tag{F.7}$$

を課すと，エネルギー固有値，固有関数はそれぞれ

$$E_k = \frac{\hbar^2 k^2}{2m} \tag{F.8}$$

$$\varphi_E(\boldsymbol{r}) = \frac{1}{\sqrt{L^3}} e^{i\boldsymbol{k}\cdot\boldsymbol{r}} \tag{F.9}$$

で与えられる．ただし，

$$\boldsymbol{k} = \frac{2\pi}{L}\boldsymbol{n} \qquad (n_x, n_y, n_z = 0, \pm 1, \pm 2, \cdots) \tag{F.10}$$

であり，エネルギー固有値は

$$E_k = \frac{4\pi^2\hbar^2}{2mL^2}(n_x^2 + n_y^2 + n_z^2) \tag{F.11}$$

と表される．

各固有状態は，波数 k_x, k_y, k_z の張る空間の格子定数 $2\pi/L$ の単純立方格子の格子点で与えられる．したがって，エネルギー E 以下の状態数 $\Sigma(E)$ は，この空間の中の半径 $\sqrt{2mE/\hbar^2}$ の球内の点の数で与えられる．

$$\Sigma(E) = \frac{1}{(2\pi/L)^3} \frac{4\pi}{3} \left(\frac{2mE}{\hbar^2}\right)^{3/2} = \frac{4\pi V}{3}\left(\frac{2m}{h^2}\right)^{3/2} E^{3/2} \quad \text{(F.12)}$$

状態密度 $D(E)$ は (B.50) より

$$D(E) = \frac{d\Sigma(E)}{dE}$$

で与えられるから，

$$D(E) = 2\pi V \left(\frac{2m}{h^2}\right)^{3/2} E^{1/2} \quad \text{(F.13)}$$

となる．実際の粒子には内部自由度があり，粒子の状態密度には内部状態を含める必要がある．内部状態の数を g とすれば，状態密度は (F.13) を g 倍したものとなる．

F.3 角運動量の固有値

慣性モーメント I をもつ物体の回転運動の運動エネルギーは，古典力学では角運動量 $\boldsymbol{L}$ を用いて

$$\mathcal{H}_r = \frac{1}{2I}\left(p_\theta^2 + \frac{p_\phi^2}{\sin^2\theta}\right) = \frac{1}{2I}\boldsymbol{L}^2 \quad \text{(F.14)}$$

と表される．

量子力学における角運動量演算子は，極座標を用いると

$$\begin{cases} L_x = i\hbar\left(\sin\phi\,\dfrac{\partial}{\partial\theta} + \cot\theta\cos\phi\,\dfrac{\partial}{\partial\phi}\right) \\ L_y = i\hbar\left(-\cos\phi\,\dfrac{\partial}{\partial\theta} + \cot\theta\sin\phi\,\dfrac{\partial}{\partial\phi}\right) \\ L_z = -i\hbar\left(\dfrac{\partial}{\partial\phi}\right) \end{cases} \quad \text{(F.15)}$$

と表される．したがって，角運動量の 2 乗は

$$\boldsymbol{L}^2 = -\hbar^2\left\{\frac{1}{\sin\theta}\frac{\partial}{\partial\theta}\left(\sin\theta\frac{\partial}{\partial\theta}\right) + \frac{1}{\sin^2\theta}\frac{\partial^2}{\partial\phi^2}\right\} \quad \text{(F.16)}$$

となる．$\boldsymbol{L}^2$ と L_z は同時固有値をもち，その固有関数を $Y_{l,m}(\theta,\phi)$ とすると

$$\boldsymbol{L}^2 Y_{l,m}(\theta,\phi) = l(l+1)\hbar^2 Y_{l,m}(\theta,\phi) \quad \text{(F.17)}$$

$$L_z Y_{l,m}(\theta,\phi) = m\hbar Y_{l,m}(\theta,\phi) \tag{F.18}$$

が満たされる．ただし m は，$m = l, l-1, \cdots -l+1, -l$ の $2l+1$ 個の値をとる．固有関数 $Y_{l,m}(\theta,\phi)$ は**球面調和関数**とよばれる．

VL 14

F.4 多粒子系の波動関数の対称性

スピンがなく，互いに相互作用のない粒子の系の場合，系のハミルトニアン $\hat{H}$ は，各粒子のハミルトニアン $\hat{h}$ の和で与えられるから

$$\hat{H}(\boldsymbol{p},\boldsymbol{q}) = \sum_{i=1}^{N} \hat{h}(\boldsymbol{p}_i,\boldsymbol{q}_i) \tag{F.19}$$

と表される．ここで，各粒子の運動量，座標をそれぞれ $\boldsymbol{p}_i$，$\boldsymbol{q}_i$ で表し，それらをまとめたものを $\boldsymbol{p}$，$\boldsymbol{q}$ で表した．シュレーディンガー方程式

$$\hat{H}(\boldsymbol{p},\boldsymbol{q})\psi(\boldsymbol{q}) = E\psi(\boldsymbol{q}) \tag{F.20}$$

により固有値 E が決まる．ハミルトニアンが (F.19) の形をしているので，固有関数は1粒子の固有関数 $\phi_i(\boldsymbol{q})$ の積，固有値 E は各粒子のエネルギーの和で表すことができる．

1粒子の固有状態 i のエネルギーを ε_i とし，その状態にある粒子数を n_i とすると，N 粒子系の波動関数は

$$\psi(\boldsymbol{q}) = \prod_{m=1}^{n_1} \phi_1(m) \prod_{m=n_1+1}^{n_1+n_2} \phi_2(m) \cdots \tag{F.21}$$

と表すことができる．系のエネルギーは

$$E = \sum_{i=1} \varepsilon_i n_i \tag{F.22}$$

で与えられる．

ここで，N 個の座標 $(1, 2, 3, \cdots, N)$ の置換を

$$\hat{P} = \begin{pmatrix} 1 & 2 & \cdots & N \\ p_1 & p_2 & \cdots & p_N \end{pmatrix} \tag{F.23}$$

と表す．この演算を波動関数 $\psi(\boldsymbol{q})$ に施すと，

$$\hat{P}\psi(\boldsymbol{q}) = \prod_{m=1}^{n_1} \phi_1(p_m) \prod_{m=n_1+1}^{n_1+n_2} \phi_2(p_m) \cdots \tag{F.24}$$

を得る．

同種粒子は区別できないから，このような置換を行っても量子状態は変わらないはずである．したがって量子状態 $\psi(\boldsymbol{q})$ が出現する確率は，粒子の座標を置換しても不変に保たれるので

$$|\hat{P}\psi(\boldsymbol{q})|^2 = |\psi(\boldsymbol{q})|^2 \tag{F.25}$$

が成立し，実数 θ_P を用いて

$$\hat{P}\psi(\boldsymbol{q}) = e^{i\theta_P}\psi(\boldsymbol{q}) \tag{F.26}$$

と表すことができる．

自然界には，次の 2 通りの系が存在することが知られている．

(1) 対称的な波動関数 ($\theta_P = 0$)

$$\hat{P}\psi(\boldsymbol{q}) = \psi(\boldsymbol{q}) \qquad (\text{すべての } \hat{P} \text{ に対して})$$

(2) 反対称的な波動関数 ($\theta_P = \pi$)[†]

$$\hat{P}\psi(\mathbf{q}) = \begin{cases} \psi(\boldsymbol{q}) & (\hat{P} \text{ が偶置換のとき}) \\ -\psi(\boldsymbol{q}) & (\hat{P} \text{ が奇置換のとき}) \end{cases}$$

(1) を満たす対称的な波動関数を $\psi^S(\boldsymbol{q})$, (2) を満たす反対称的な波動関数を $\psi^A(\boldsymbol{q})$ と書く．容易にわかるように，これらの関数は (F.21) でつくられる関数の線形結合で次のように表すことができる．

$$\psi^S(\boldsymbol{q}) = C\sum_P \hat{P}\psi^B(\boldsymbol{q}) \tag{F.27}$$

$$\psi^A(\boldsymbol{q}) = C\sum_P \delta_P \hat{P}\psi^B(\boldsymbol{q}) \tag{F.28}$$

ただし，C は規格化定数であり，

$$\psi^B(\boldsymbol{q}) = \prod_{m=1}^{n_1}\phi_1(m)\prod_{m=n_1+1}^{n_1+n_2}\phi_2(m)\cdots \tag{F.29}$$

である．また，偶置換に対して $\delta_P = 1$, 奇置換に対して $\delta_P = -1$ である．

対称的な波動関数 $\psi^S(\boldsymbol{q})$ で表される粒子を**ボース粒子**（ボソン）とよび，反対称的な波動関数 $\psi^A(\boldsymbol{q})$ で表される粒子を**フェルミ粒子**（フェルミオン）とよぶ．第 6 章，第 7 章で述べたように，同じ理想気体であっても，ボース粒子とフェルミ粒子では全く異なった性質を示す．

[†] 任意の置換は，2 個の要素の交換の積演算で表すことができる．このとき必要となる交換の積演算の数が偶数となるものを**偶置換**，奇数となるものを**奇置換**とよぶ．

付録 G　ボース - アインシュタイン積分

z $(0 \leq z \leq 1)$ をパラメーターとした関数

$$b_n(z) = \frac{1}{\Gamma(n)} \int_0^\infty \frac{x^{n-1}}{z^{-1}e^x - 1} \, dx \tag{G.1}$$

を，**ボース - アインシュタイン積分**とよぶ．ただし，$\Gamma(n)$ はガンマ関数である．

(1)　単調増加性

$b_n(z)$ を z で微分すると

$$\frac{db_n(z)}{dz} = \frac{1}{\Gamma(n)} \int_0^\infty \frac{x^{n-1}e^x}{z^2(z^{-1}e^x - 1)^2} \, dx > 0 \tag{G.2}$$

であるから，$b_n(z)$ は z の単調増加関数であり，$0 \leq z \leq 1$ のとき $z = 1$ で最大となる．

(2)　漸化式

$$z \frac{db_n(z)}{dz} = b_{n-1}(z) \tag{G.3}$$

は，直接 (G.1) を微分して容易に示すことができる．

(3)　$T > T_c$ における z の温度依存性

(6.13) の両辺を $N, V =$ 一定 の条件の下で T で微分すると

$$0 = \frac{3}{2}T^{1/2}b_{3/2}(z) + T^{3/2}\frac{db_{3/2}(z)}{dz}\frac{\partial z}{\partial T}$$

となる．(2) で得た漸化式を用いて整理すると，

$$\frac{\partial z}{\partial T} = -\frac{3}{2}\frac{z}{T}\frac{b_{3/2}(z)}{b_{1/2}(z)} \tag{G.4}$$

を得る．

(4)　$z \simeq 0$ の展開

(G.1) の被積分関数を展開して，

$$b_n(z) = \frac{1}{\Gamma(n)} \int_0^\infty x^{n-1} \sum_{k=1}^\infty (ze^{-x})^k \, dx$$

$$= \sum_{k=1}^\infty \frac{z^k}{k^n} \tag{G.5}$$

を得る．すなわち，$0 \leq z \leq 1$ における最大値 $b_n(1)$ は，$n > 1$ のときリーマンのツェータ関数で与えられる．

$$b_n(1) = \sum_{k-1}^{\infty} \frac{1}{k^n} = \zeta(n) \tag{G.6}$$

また,$n \leq 1$ のときは $b_n(1) = \infty$ である.

なお,

$$\zeta\left(\frac{3}{2}\right) \simeq 2.612, \qquad \zeta\left(\frac{5}{2}\right) \simeq 1.341$$

である.

付録 H　フェルミ-ディラック積分

$z\, (>0)$ をパラメーターとした関数

$$f_n(z) = \frac{1}{\Gamma(n)} \int_0^{\infty} \frac{x^{n-1}}{z^{-1}e^x + 1}\, dx \tag{H.1}$$

を**フェルミ-ディラック積分**とよぶ.ただし,$\Gamma(n)$ はガンマ関数である.

(1) 漸化式

$$z \frac{df_n(z)}{dz} = f_{n-1}(z) \tag{H.2}$$

は,直接 (H.1) を微分して容易に示すことができる.

(2) z の温度依存性

(7.23) の両辺を $N, V = $ 一定 の条件の下で T で微分すると

$$0 = \frac{3}{2} T^{1/2} f_{3/2}(z) + T^{3/2} \frac{df_{3/2}(z)}{dz} \frac{\partial z}{\partial T}$$

となる.(1) で得た漸化式を用いて整理すると,

$$\frac{\partial z}{\partial T} = -\frac{3}{2} \frac{z}{T} \frac{f_{3/2}(z)}{f_{1/2}(z)} \tag{H.3}$$

を得る.

(3) $z \ll 1$ の展開

(H.1) の被積分関数を展開して,

$$f_n(z) = \frac{1}{\Gamma(n)} \int_0^{\infty} x^{n-1} \sum_{k=1}^{\infty} (-1)^k (ze^{-x})^k dx$$

$$= \sum_{k=1}^{\infty} \frac{(-1)^{k-1}}{k^n} z^k \tag{H.4}$$

を得る.

(4) $z \gg 1$ の展開

展開式を導くために，積分

$$I_n = \int_0^\infty \frac{x^{n-1}}{e^{x-\xi}+1}\,dx \tag{H.5}$$

を考える．ここで，$\xi = \ln z$ である．積分範囲を $[0, \xi]$ と $[\xi, \infty]$ に分けると，

$$\begin{aligned}I_n &= \int_0^\xi \left(x^{n-1} - \frac{x^{n-1}}{e^{\xi-x}+1}\right)dx + \int_\xi^\infty \frac{x^{n-1}}{e^{x-\xi}+1}\,dx \\ &= \frac{\xi^n}{n} - \int_0^\xi \frac{(\xi-\eta)^{n-1}}{e^\eta+1}\,d\eta + \int_0^\infty \frac{(\xi+\eta)^{n-1}}{e^\eta+1}\,d\eta\end{aligned} \tag{H.6}$$

と表せる．

上式の右辺第 2 項の積分では η の小さいところのみが寄与するので，積分の上限を ∞ としてもよく，したがって，

$$I_n \simeq \frac{\xi^n}{n} + \int_0^\infty \frac{(\xi+\eta)^{n-1} - (\xi-\eta)^{n-1}}{e^\eta+1}\,d\eta \tag{H.7}$$

であり，分子を展開すると，

$$I_n \simeq \frac{\xi^n}{n} + \sum_{j=1,3,5,\cdots} {}_{n-1}\mathrm{C}_j \xi^{n-1-j} \int_0^\infty \frac{\eta^j}{e^\eta+1}\,d\eta \tag{H.8}$$

と表すことができる．

この式の右辺の積分は，

$$\int_0^\infty \frac{\eta^j}{e^\eta+1}\,d\eta = j!\left(1-\frac{1}{2^j}\right)\zeta(j+1) \tag{H.9}$$

と求められる．ここで $\zeta(n)$ は，リーマンのツェータ関数

$$\zeta(n) = \sum_{l=1}^\infty \frac{1}{l^n} \tag{H.10}$$

である．

これらを $f_n(z)$ に代入して，最終的に

$$\begin{aligned}f_n(z) &= \frac{(\ln z)^n}{\Gamma(n+1)}\left\{1 + \sum_{j=2,4,6,\cdots} 2n(n-1)\cdots(n+1-j)\left(1-\frac{1}{2^{j-1}}\right)\frac{\zeta(j)}{(\ln z)^j}\right\} \\ &= \frac{(\ln z)^n}{\Gamma(n+1)}\left\{1 + n(n-1)\frac{\pi^2}{6}(\ln z)^{-2}\right.\end{aligned}$$

$$+ n(n-1)(n-2)(n-3)\frac{7\pi^4}{360}(\ln z)^{-4} + \cdots \Big\}$$
(H.11)

が示される．

付録 I 臨界現象の新しい考え方

I.1 スケーリング理論

臨界指数の普遍性は，それらが空間の構造と関連していることを示している．自由エネルギーの特異性を示す部分を考え，格子点当たりの自由エネルギーを $\phi(t,h)$ と書く．ここで $t \equiv |T - T_c|/T_c$，$h \equiv \bar{\mu}H/k_B T$ は定義し直した温度と磁場であり，臨界点は $t = 0$，$h = 0$ である．

いま，図 I.1 のように元の格子を粗視化して，$L \times L \times \cdots \times L$ の格子点からなる超立方体（2次元では正方形，3次元では立方体，一般に高次元の立方体を超立方体とよぶ）を1つの格子点とみなす．L は，向きが互いに相関するスピン間距離（の最大値）よりも短いとする．すなわち，d 次元空間の格子の場合，L^d 個のスピンをひとまとめにして新しい格子上のスピン変数 $\tilde{\sigma}_I$（**ブロックスピン**とよばれる）を

$$\frac{1}{L^d}\sum_{i \in L^d} \sigma_i = \langle \sigma \rangle_L \tilde{\sigma}_I \tag{I.1}$$

により定義する．この式は，ブロック内の元のスピンを平均化することに対応している．新しい格子の相関距離 ξ' は $\xi' = \xi/L$ と短くなり，したがって，臨界点から

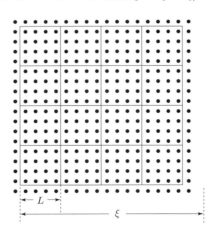

図 I.1 L^d 個のスピンを1個のスピンとみなすスケール変換

はずれたようにみえるはずである．つまり，新しい格子の t, h は元の格子のものよりは大きくなると考えられる．

新しい格子の量に ˜ を付けて表し，t, h の増加が

$$\tilde{t} = L^{x_t} t \tag{I.2}$$

$$\tilde{h} = L^{x_h} h \tag{I.3}$$

のように表されるものと仮定する．自由エネルギーは，長さのスケールには依存しないから，

$$\phi(\tilde{t}, \tilde{h}) = L^d \phi(t, h) \tag{I.4}$$

という関係が成立する．すなわち，

$$\phi(t, h) = L^{-d} \phi(L^{x_t} t, L^{x_h} h) \tag{I.5}$$

が成り立つ．L として $L = t^{-1/x_t}$ をとると，

$$\phi(t, h) = t^{d/x_t} \phi^*(h/t^{x_h/x_t}) \tag{I.6}$$

と表すことができる．ここで，$\phi^*(x) \equiv \phi(1, x)$ である．

(I.6) から様々な物理量のスケール性が決まる．まず，磁化（秩序変数）は

$$M(t, h) = \left(\frac{\partial \phi(t, h)}{\partial h}\right)_t$$
$$= t^{(d-x_h)/x_t} m^*(h/t^{x_h/x_t}) \tag{I.7}$$

ただし，

$$m^*(x) = \frac{d\phi^*(x)}{dx}$$

で与えられる．さらに，h で微分して等温磁化率を求めると，

$$\chi_t(t, h) = t^{(d-2x_h)/x_t} \chi^*(h/t^{x_h/x_t}) \tag{I.8}$$

ただし，

$$\chi^*(x) = \frac{d^2\phi^*(x)}{dx^2}$$

を得る．一方，$h = 0$ における比熱は

$$C_h(t, 0) \propto \left(\frac{\partial^2 \phi(t, h)}{\partial t^2}\right)_h$$
$$\propto t^{d/x_t - 2} \tag{I.9}$$

と表すことができる．

これらの式から臨界点 $t=0$, $h=0$ 近傍における関数の特異性が決まるので，臨界指数を決定することができる．まず，(I.9) より直ちに

$$\alpha = \alpha' = 2 - \frac{d}{x_t} \tag{I.10}$$

を得る．また，(I.7) で $h=0$ とおいて

$$\beta = \frac{d - x_h}{x_t} \tag{I.11}$$

さらに，(I.8) において $h=0$ とおくと

$$\gamma = \gamma' = \frac{2x_h - d}{x_t} \tag{I.12}$$

を得る．一方，$M(0, h)$ は有限にとどまるはずであるから，(I.7) の右辺が t に依存しないという条件から $m^*(x)$ の関数形として

$$m^*(x) = x^{(d-x_h)/x_h}$$

が要請される．
したがって，

$$M(0, h) \propto h^{(d-x_h)/x_h} \tag{I.13}$$

と表され，

$$\delta = \frac{x_h}{d - x_h} \tag{I.14}$$

を得る．すなわち，すべての臨界指数が x_t, x_h および次元数 d を用いて表されることがわかる．これより x_h, x_t を消去して，臨界指数の間に

$$\alpha + 2\beta + \gamma = 2 \quad (\text{ルシュブルックのスケーリング則}) \tag{I.15}$$

および

$$\beta(\delta - 1) = \gamma \quad (\text{ウィドムのスケーリング則}) \tag{I.16}$$

という関係が成立することが導かれる．
このような臨界指数間に成立する関係を**スケーリング則**という．表 8.1 に示した臨界指数からスケーリング則を確かめることができる．

I.2 実空間繰り込み群の方法

臨界指数を直接求める全く新しい考え方がウィルソンによって提案された．**繰り込み群の方法**として知られるこの方法は，臨界現象の理解を格段に進歩させた．

VL 15

2 次元正方格子上のイジングスピン系を考えてみよう．互いに最近接格子点を占める 2 つのスピン間にのみ相互作用 $-J$ ($J > 0$) が存在し，温度は T に保たれてい

るものとする．全系の分配関数は

$$Z(T,N) = \sum_{\{\sigma_i = \pm 1\}} \exp\left(K \sum_{\langle i,j \rangle} \sigma_i \sigma_j\right) \tag{I.17}$$

で与えられる．ここで，$K = J/k_\mathrm{B}T$ であり，$\sum_{\langle i,j \rangle}$ は最近接格子点対についての和を表す．分配関数の和を求めるときに，図 I.2(a) に示すように，格子点の 1 つおきのスピンの状態についての部分和を行い，残された格子点間の相互作用 $\tilde{K}$ を次の近似によって決定する．

図 I.2(b) に示すように 1 つの単位胞を構成する 4 個のスピンのみを考え，対角線上の 2 個のスピンについての和をとって，他の対角線上のスピン間の繰り込まれた相互作用を決定する（繰り込みとは部分和をとった結果をパラメータの再定義によって表すことをいう）．すなわち，

$$\sum_{\sigma_2, \sigma_4} e^{K(\sigma_1 + \sigma_3)(\sigma_2 + \sigma_4)} = A e^{\tilde{K}\sigma_1 \sigma_3} \tag{I.18}$$

を満たすように A, $\tilde{K}$ を決める．$(\sigma_1, \sigma_3) = (1,1), (-1,-1), (1,-1), (-1,1)$ の各場合について両辺を比較して，

$$\left(e^{2K} + e^{-2K}\right)^2 = Ae^{\tilde{K}} \tag{I.19}$$

$$4 = Ae^{-\tilde{K}} \tag{I.20}$$

を得る．あるいは $k \equiv e^{-2K}$, $\tilde{k} \equiv e^{-2\tilde{K}}$ を定義すると，繰り込み変換の式

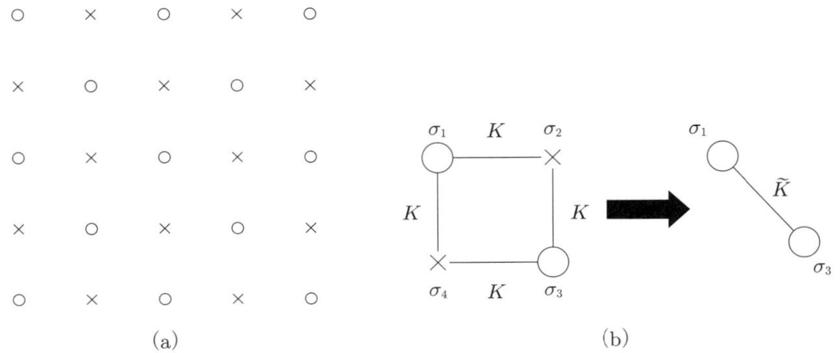

図 I.2 2 次元正方格子の繰り込み変換の例．(a) の × 印の格子点について部分和をとる．(b) のように，近似的方法によって繰り込まれた相互作用を決定する．

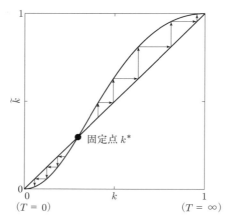

図 I.3 2次元イジング模型の部分和による繰り込み変換の流れ図．変換を繰り返すと k の値は矢印で示すように変化していく．$k=0$, $k=1$ と k^* の点は，変化しない固定点となる．

$$\tilde{k} = \frac{4k^2}{(k^2+1)^2} \tag{I.21}$$

$$A = \frac{2(k^2+1)}{k} \tag{I.22}$$

が導かれる．(I.21) の変換による変数の変化を表す流れ図を図 I.3 に示す．

直ちにわかるように，変換 (I.21) には $k=0$, $k=1$ 以外にも固定点 k^* が存在することである．$k>k^*$ のときは繰り込み変換により k は増加して，固定点 $k=1$, すなわち $T=\infty$ に近づく．また，$k<k^*$ のときは繰り込み変換により k は減少して，固定点 $k=0$, すなわち $T=0$ に近づく．いい換えると，粗視化によって $k>k^*$ のときは不規則な状態に，$k<k^*$ のときは完全に秩序化した状態に近づく．このことは $k=k^*$ あるいは $T_c = -2J/k_B \ln k^*$ が臨界点であることを示す．

(I.21) の固定点は $k^* = 0.2956$ であり，臨界点は $k_B T/J = 1.641$ と求まる．この値は，大変粗い近似ではあるが，オンサーガーによって得られた厳密解 $k_B T/J \simeq 2.269$ とそれほどかけ離れた値ではない．

格子の粗視化は，長さのスケール変換とみなすことができる．前節でみたように，長さのスケールを L 倍にすると，相関距離 ξ は $\tilde{\xi} = \xi/L$ となる．温度の臨界点からの相対的なずれ $t = |T-T_c|/T_c$ は $\tilde{t} = L^{x_t} t$ となる．相関距離の臨界指数 $\nu = 1/x_t$ を用いると $\xi = t^{-\nu}$, $\tilde{\xi} = \tilde{t}^{-\nu}$ が成り立つから，

$$\tilde{t}^{-\nu} = \frac{t^{-\nu}}{L}$$

と表すことができる．したがって，臨界指数 ν は

$$\nu = \frac{\ln L}{\ln(\tilde{t}/t)} \tag{I.23}$$

によって決定することができる．すなわち，繰り込み変換の関係式 $\tilde{K} = f(K)$ を固定点 $K^* = f(K^*)$ の周りで展開して

$$\tilde{K} \sim f(K^*) + f'(K^*)(K - K^*) + \cdots \tag{I.24}$$

と表すと，

$$\tilde{K} - K^* \sim f'(K^*)(K - K^*) \tag{I.25}$$

であるから

$$\nu = \frac{\ln L}{\ln\{f'(K^*)\}} \tag{I.26}$$

と表すことができる．

図 I.2 の変換は長さのスケールを $\sqrt{2}$ 倍にする変換である．(I.21) から $f'(K^*) \simeq 1.6786$ が示されるので，臨界指数 ν の値として

$$\nu \sim 0.6691 \tag{I.27}$$

を得る．厳密値 $\nu = 1$ よりは小さな値であるが，臨界指数を直接決定できることは注目に値する．

問　題

[**1**]　次の関係を示せ．
(1)　$E = -T^2 \left(\dfrac{\partial A/T}{\partial T}\right)_{V,N}$
(2)　$E = -T^2 \left(\dfrac{\partial G/T}{\partial T}\right)_{P,N} - TP \left(\dfrac{\partial G/T}{\partial P}\right)_{T,N}$

[**2**]　熱力学第 1 法則 $dE = đQ + đW + đZ$，および熱力学第 2 法則 $dS \geq đQ/T_0$（ただし T_0 は外界の温度）を用いて，次のことを証明せよ．
(1)　孤立した系では $(dS)_{E,V,N} \geq 0$ であり，平衡状態では S が最大となる．
(2)　体積および粒子数を一定に保った系の等エントロピー過程では，平衡状態でエネルギー E が最小となる．
(3)　体積および粒子数を一定に保った系の等温過程 $T = T_0$ では，平衡状態でヘルムホルツの自由エネルギー $A \equiv E - TS$ が最小となる．
(4)　粒子数を一定に保った系の等温・等圧過程では，平衡状態でギブスの自由エ

ネルギー $G \equiv E - TS + PV$ が最小となる．

[3] $F(a(1-x))$ のマクローリン展開を x^2 の項まで求めよ．

[4] 1次元格子上で，ハミルトニアン

$$H = -\sum_i J\sigma_i\sigma_{i+1}$$

で記述されるイジングスピン系を考える．分配関数は

$$Z(K) = \sum_{\{\sigma_i\}} \exp\left(K\sum_i \sigma_i\sigma_{i+1}\right)$$

で与えられる．ただし，$K \equiv J/k_\mathrm{B}T$ とする．

(1) $\sum_{\{\sigma_i\}}$ の和を，i が奇数と偶数とに分け，奇数の格子点についての部分和を先に行って，分配関数を

$$Z(K) = \sum_{\{\tilde\sigma_i\}} A\exp\left(\tilde K\sum_i \tilde\sigma_i\tilde\sigma_{i+1}\right)$$

と表す．ここで，$\tilde\sigma_i = \sigma_{2i}$ である．A，$\tilde K$ の満たすべき式を導け．

(2) (1)で得た式を，2つのスピンの4つの組み合わせ $(1,1)$, $(-1,-1)$, $(1,-1)$, $(-1,1)$ について比較し，A，$\tilde K$ の変換式を求めよ．

(3) $k \equiv e^{-2K}$, $\tilde k \equiv e^{-2\tilde K}$ として，k, $\tilde k$, A の繰り込み変換式を求めよ．また，k の繰り込み変換の流れ図を示せ．

(4) 変換を繰り返し行ったときの変換の固定点を求め，1次元系では相転移がないことを示せ．

問 題 解 答

第 1 章

[1] 平衡状態では，$1/T = (\partial S_1/\partial E_1)_{V_1,N_1} = (\partial S_2/\partial E_2)_{V_2,N_2}$ だから，$k_B N_1/E_1 = 2k_B N_2/E_2$ が成り立つ．$E_1 + E_2 = E_1^{(0)} + E_2^{(0)}$ と連立させて，

$$E_1 = \frac{N_1}{N_1 + 2N_2}(E_1^{(0)} + E_2^{(0)}), \qquad E_2 = \frac{2N_2}{N_1 + 2N_2}(E_1^{(0)} + E_2^{(0)})$$

$$T = \frac{E_1^{(0)} + E_2^{(0)}}{k_B(N_1 + 2N_2)}$$

を得る．

[2] 混合前のエントロピーは，それぞれの分子の質量を m_1, m_2 として

$$S = N_1 k_B \ln \frac{V_1}{N_1} + \frac{3}{2} N_1 k_B \left\{ \frac{5}{3} + \ln\left(\frac{2\pi m_1 k_B T}{h^2}\right) \right\}$$
$$+ N_2 k_B \ln \frac{V_2}{N_2} + \frac{3}{2} N_2 k_B \left\{ \frac{5}{3} + \ln\left(\frac{2\pi m_2 k_B T}{h^2}\right) \right\}$$

である．

(1) $m_1 = m_2 \equiv m$ として，混合後のエントロピーは

$$S = (N_1 + N_2) k_B \ln\left(\frac{V_1 + V_2}{N_1 + N_2}\right) + \frac{3}{2}(N_1 + N_2) k_B \left\{ \frac{5}{3} + \ln\left(\frac{2\pi m k_B T}{h^2}\right) \right\}$$

だから

$$\Delta S = N_1 k_B \ln\left\{\frac{N_1(V_1 + V_2)}{V_1(N_1 + N_2)}\right\} + N_2 k_B \ln\left\{\frac{N_2(V_1 + V_2)}{V_2(N_1 + N_2)}\right\}$$

となる．

(2) 混合後のエントロピーは，

$$S = N_1 k_B \ln\left(\frac{V_1 + V_2}{N_1}\right) + \frac{3}{2} N_1 k_B \left\{ \frac{5}{3} + \ln\left(\frac{2\pi m_1 k_B T}{h^2}\right) \right\}$$
$$+ N_2 k_B \ln\left(\frac{V_1 + V_2}{N_2}\right) + \frac{3}{2} N_2 k_B \left\{ \frac{5}{3} + \ln\left(\frac{2\pi m_2 k_B T}{h^2}\right) \right\}$$

だから

$$\Delta S = N_1 k_B \ln\left(\frac{V_1 + V_2}{V_1}\right) + N_2 k_B \ln\left(\frac{V_1 + V_2}{V_2}\right)$$

となる．

(3) $20.8\,\mathrm{J\cdot K^{-1}}$

[3] $\beta_1 = N_1/E_1$, $\beta_2 = N_2/E_2$ だから，平衡条件は $N_1/E_1 = N_2/E_2$ である．$E_1 + E_2 = E_1^{(0)} + E_2^{(0)}$ と連立させて E_1, E_2 を求めて，

$$E_1 = \frac{N_1}{N_1 + N_2}\{E_1^{(0)} + E_2^{(0)}\}, \qquad E_2 = \frac{N_2}{N_1 + N_2}\{E_1^{(0)} + E_2^{(0)}\}$$

を得る．

[4] (1) 巨視的な視点では，全系のエントロピー $S(E_1, E_2, V_1, V_2) = S_1(E_1, V_1) + S_2(E_2, V_2)$ が $E_1 + E_2 =$ 一定，$V_1 + V_2 =$ 一定 のもとで最大になる．したがって，$\partial S/\partial E_1 = \partial S_1/\partial E_1 + (\partial S_2/\partial E_2)(dE_2/dE_1) = 0$, $\partial S/\partial V_1 = \partial S_1/\partial V_1 + (\partial S_2/\partial V_2)(dV_2/dV_1) = 0$, $\partial S/\partial E = 1/T$, $\partial S/\partial V = P/T$ だから，平衡条件は

$$\frac{1}{T_1} = \frac{1}{T_2}, \qquad \frac{P_1}{T_1} = \frac{P_2}{T_2}$$

で与えられる．

(2) 微視的な視点では，全系の微視状態の数

$$W(E_1, E_2, V_1, V_2, N_1, N_2) = W_1(E_1, V_1, N_1)\,W_2(E_2, V_2, N_2)$$

が，$E_1 + E_2 =$ 一定，$V_1 + V_2 =$ 一定 のもとで最大になる．したがって，変数を省略して書くと，

$$\left(\frac{\partial W_1}{\partial E_1}\right)_{V_1, N_1} W_2 + W_1 \left(\frac{\partial W_2}{\partial E_2}\right)_{V_2, N_2} \frac{dE_2}{dE_1} = 0$$

$$\left(\frac{\partial W_1}{\partial V_1}\right)_{E_1, N_1} W_2 + W_1 \left(\frac{\partial W_2}{\partial V_2}\right)_{E_2, N_2} \frac{dV_2}{dV_1} = 0$$

である．$E_1 + E_2 =$ 一定，$V_1 + V_2 =$ 一定 から導かれる $dE_2/dE_1 = -1$, $dV_2/dV_1 = -1$ を用いて変形すると

$$\left(\frac{\partial \ln W_1}{\partial E_1}\right)_{V_1, N_1} = \left(\frac{\partial \ln W_2}{\partial E_2}\right)_{V_2, N_2}$$

$$\left(\frac{\partial \ln W_1}{\partial V_1}\right)_{E_1, N_1} = \left(\frac{\partial \ln W_2}{\partial V_2}\right)_{E_2, N_2}$$

となる．

(3) (2) において $S = k_\mathrm{B} \ln W$ とおくと，(1) と同じ式になる．

[5] エネルギーがゼロの要素数を N_0，エネルギー ε の要素数を N_1 とすると，$E = \varepsilon N_1$, $N = N_0 + N_1$ から，$N_1 = E/\varepsilon$, $N_0 = N - E/\varepsilon$ である．微視状態は，N 個の要素のうち，どの N_1 個の要素が励起状態にあるかで決まるので，N 個の異なるものから N_1 個のものを取り出す組み合わせの数

$$_N\mathrm{C}_{N_1} = \frac{N!}{N_1!\,(N-N_1)!}$$

で与えられる．よって，微視状態の数は，

$$W(E,N) = \frac{N!}{(E/\varepsilon)!\,(N-E/\varepsilon)!}$$

である．

[6] エネルギーを与えると，M が決まる．微視状態は M 個の ε を，N 個の要素に分配する場合の数で与えられる．すなわち，異なる N 個のものから重複を許して M 個を取り出す組み合わせの数 $_N\mathrm{H}_M$ で与えられる．よって，

$$W(E,N) = \frac{(M+N-1)!}{M!\,(N-1)!} = \frac{(E/\varepsilon+N-1)!}{(E/\varepsilon)!\,(N-1)!}$$

である（付録 B.2 を参照）．

第 2 章

[1] (1) 1 個の分子の中心から $2r$ の距離以内には他の分子の中心は入れないから，

$$v = \left(\frac{4\pi}{3}\right)(2r)^3 = 8 \times \left(\frac{4\pi}{3}\right)r^3$$

となり，分子の体積 $4\pi r^3/3$ の 8 倍である．

(2) 分子を順に入れていくことを考えると，最初の分子は V の中を自由に動けるが，2 番目の分子が動ける空間は $V-v$ になる．すでに k 個の分子があると，$k+1$ 番目の分子が動ける空間は $V-kv$ になる．したがって，

$$W(E,V,N) \propto \prod_{k=0}^{N-1}(V-kv)$$

である．

(3) $S = k_\mathrm{B}\ln W$, $\partial S/\partial V = P/T$ を用いると，

$$\frac{P}{T} = \frac{Nk_\mathrm{B}}{V}\left(1 + \frac{Nv}{2V}\right)$$

であり，さらに $Nv/2 = b$ を用いて，

$$P(V-b) = Nk_\mathrm{B}T$$

が導かれる．

[2]
$$\frac{C_V}{Nk_{\mathrm{B}}} = \left(\frac{\varepsilon}{k_{\mathrm{B}}T}\right)^2 \mathrm{sech}^2\left(\frac{\varepsilon}{k_{\mathrm{B}}T}\right)$$

だから，$y = C_V/Nk_{\mathrm{B}}$, $x = k_{\mathrm{B}}T/\varepsilon$ として，

$$y = \frac{4}{x^2\left\{\exp\left(\dfrac{1}{x}\right) + \exp\left(-\dfrac{1}{x}\right)\right\}^2}$$

を計算機のソフトを用いて図示すればよい．

[3] (1) 第 1 章の問題 [5] より

$$W(E, N) = \frac{N!}{(E/\varepsilon)!\,(N - E/\varepsilon)!}$$

である．

(2) ボルツマンの関係式より

$$S = k_{\mathrm{B}} \ln W(E, N) = -Nk_{\mathrm{B}}\left\{\frac{E}{N\varepsilon}\ln\left(\frac{E}{N\varepsilon}\right) + \left(1 - \frac{E}{N\varepsilon}\right)\ln\left(1 - \frac{E}{N\varepsilon}\right)\right\}$$

となる．

(3) 熱力学の関係式 $(\partial S/\partial E)_{V,N} = 1/T$ を用いて，

$$\frac{1}{T} = -\frac{k_{\mathrm{B}}}{\varepsilon}\ln\left(\frac{E}{N\varepsilon - E}\right)$$

を得る．これを E について解くと，

$$\frac{N_1}{N} = \frac{E}{N\varepsilon} = \frac{\exp\left(-\dfrac{\varepsilon}{k_{\mathrm{B}}T}\right)}{1 + \exp\left(-\dfrac{\varepsilon}{k_{\mathrm{B}}T}\right)} = \frac{1}{\exp\left(\dfrac{\varepsilon}{k_{\mathrm{B}}T}\right) + 1}$$

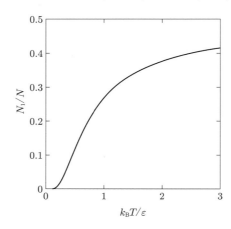

である．低温では励起される要素がないので $N_1/N = 0$ であり，高温の極限では励起状態と基底状態に同等の割合で要素が存在し，$N_1/N = 1/2$ となる．

(4)　$E = N\varepsilon / \{\exp(\varepsilon/k_{\rm B}T) + 1\}$ だから

$$\frac{C_V}{Nk_{\rm B}} = \left(\frac{\varepsilon}{k_{\rm B}T}\right)^2 \frac{\exp\left(\dfrac{\varepsilon}{k_{\rm B}T}\right)}{\left\{\exp\left(\dfrac{\varepsilon}{k_{\rm B}T}\right) + 1\right\}^2}$$

となる．励起に ε のエネルギーが必要なので，低温では比熱はゼロになる．高温では温度を上げても状態変化がなく，比熱はゼロとなる．エネルギーが急激に変化するところで，比熱は最大となる．

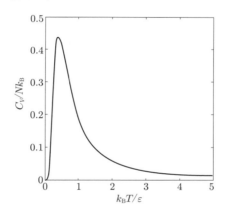

[4]　前問を参照して，この2準位系のエントロピーは

$$S = -Nk_{\rm B} \left\{ \frac{E}{N\varepsilon} \ln\left(\frac{E}{N\varepsilon}\right) + \left(1 - \frac{E}{N\varepsilon}\right) \ln\left(1 - \frac{E}{N\varepsilon}\right) \right\}$$

である．$X = E/N\varepsilon$ とおいて，S を V で微分すると

$$\frac{P}{T} = \left(\frac{\partial S}{\partial V}\right)_{E,N} = \left(\frac{\partial S}{\partial X}\right)_{E,N} \left(\frac{\partial X}{\partial \varepsilon}\right)_{E,N} \left(\frac{\partial \varepsilon}{\partial V}\right)_{E,N}$$

である．よって，

$$\frac{P}{T} = -Nk_{\rm B} \ln\left(\frac{E}{N\varepsilon - E}\right) \times \frac{-E}{N\varepsilon^2} \times \frac{-\gamma\varepsilon}{V}$$

ここで，

$$\frac{1}{T} = -\frac{k_{\rm B}}{\varepsilon} \ln\left(\frac{E}{N\varepsilon - E}\right)$$

に注意すれば,
$$P = \frac{\gamma E}{V} = \frac{N\varepsilon\gamma}{V}\frac{1}{\exp\left(\dfrac{\varepsilon}{k_{\mathrm{B}}T}\right)+1}$$
となる.

[5] (1) $n_1 + n_2 + \cdots + n_N = M$ から，M 個の区別できない要素を N 個の箱に入れる組み合わせの数だから
$$W(E,N) = {}_N\mathrm{H}_M = {}_{N+M-1}\mathrm{C}_M = \frac{(M+N-1)!}{M!\,(N-1)!}$$
となる（付録 B.2 を参照）.

(2) $M = E/\hbar\omega$ とし，$N \gg 1$, $M \gg 1$ を用いてボルツマンの関係式より
$$S(E,N) = k_{\mathrm{B}}\ln W(E,N) = k_{\mathrm{B}}\{(M+N)\ln(M+N) - M\ln M - N\ln N\}$$
となる.

(3) 熱力学の関係式 $(\partial S/\partial E)_{V,N} = 1/T$ を用いて，
$$\frac{1}{T} = \left(\frac{\partial S}{\partial E}\right)_N = \frac{k_{\mathrm{B}}}{\hbar\omega}\ln\left(\frac{E + N\hbar\omega}{E}\right)$$
となる.

(4) (3) の結果から E を求めると
$$E = \frac{N\hbar\omega}{\exp\left(\dfrac{\hbar\omega}{k_{\mathrm{B}}T}\right) - 1}$$
となる.

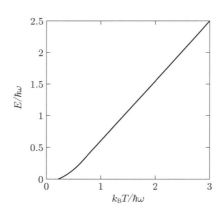

(5) $\quad C_V = \left(\dfrac{\partial E}{\partial T}\right)_{V,N} = Nk_{\rm B}\left(\dfrac{\hbar\omega}{k_{\rm B}T}\right)^2 \dfrac{\exp\left(\dfrac{\hbar\omega}{k_{\rm B}T}\right)}{\left\{\exp\left(\dfrac{\hbar\omega}{k_{\rm B}T}\right)-1\right\}^2}$

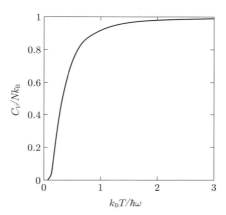

第 3 章

[1] (1) $\beta = 1/k_{\rm B}T$ として

$$\langle E \rangle = \frac{\sum_r E_r e^{-\beta E_r}}{\sum_r e^{-\beta E_r}} = \frac{\sum_r \left(-\partial e^{-\beta E_r}/\partial\beta\right)}{\sum_r e^{-\beta E_r}} = -\frac{\partial}{\partial\beta}\ln\left(\sum_r e^{-\beta E_r}\right)$$

である. したがって,

$$\langle E \rangle = -\frac{\partial}{\partial\beta}\ln Z(T,V,N) = k_{\rm B}T^2 \frac{\partial}{\partial T}\ln Z(T,V,N)$$

を得る.

(2) (1) の式と比較すれば,分配関数 $Z(T,V,N)$ は

$$A(T,V,N) = -k_{\rm B}T\ln Z(T,V,N)$$

と対応づけられることがわかる.

[2] $\quad Z(T,V,N) = \displaystyle\int_0^\infty \exp\left(-\frac{E}{k_{\rm B}T}\right)\frac{V^N}{N!\,h^{3N}}\frac{(2\pi m)^{3N/2}E^{3N/2-1}}{\varGamma(3N/2)}\,dE$

において,積分変数を $x = E/k_{\rm B}T$ に変換すると

$$Z(T,V,N) = \frac{V^N}{N!\,h^{3N}} \frac{(2\pi m)^{3N/2}(k_B T)^{3N/2}}{\Gamma(3N/2)} \int_0^\infty e^{-x} x^{3N/2-1}\,dx$$

となり，

$$\int_0^\infty e^{-x} x^{3N/2-1}\,dx = \Gamma\left(\frac{3N}{2}\right)$$

だから

$$Z(T,V,N) = \frac{V^N}{N!\,h^{3N}} (2\pi m k_B T)^{3N/2}$$

が導かれる．

[3]
$$Z(T,V,N) = \int_0^\infty \exp\left(-\frac{E}{k_B T}\right) \frac{1}{(\hbar\omega)^N} \frac{E^{N-1}}{(N-1)!}\,dE$$

において，$x = E/k_B T$ と変数変換すると

$$Z(T,V,N) = \frac{1}{(\hbar\omega)^N} \frac{(k_B T)^N}{(N-1)!} \int_0^\infty e^{-x} x^{N-1}\,dx$$

となり，

$$\int_0^\infty e^{-x} x^{N-1}\,dx = (N-1)!$$

だから

$$Z(T,V,N) = \left(\frac{k_B T}{\hbar\omega}\right)^N$$

が導かれる．

ヘルムホルツの自由エネルギーは $A(T,V,N) = -k_B T \ln Z(T,V,N) = N k_B T \ln(\hbar\omega/k_B T)$ であり，これよりエントロピーは

$$S = -\left(\frac{\partial A}{\partial T}\right)_{V,N} = N k_B \left(1 - \ln\frac{\hbar\omega}{k_B T}\right)$$

エネルギーは

$$E = A + TS = N k_B T$$

定積比熱は

$$C_V = \left(\frac{\partial E}{\partial T}\right)_{V,N} = N k_B$$

となる．

[4] (1) プランク振動子のエネルギー固有値は $n\hbar\omega$ $(n = 0, 1, 2, \cdots)$ であるから，

$$Z(T,V,1) = \sum_{n=0} \exp\left(-\frac{n\hbar\omega}{k_B T}\right) = \frac{1}{1-\exp\left(-\frac{\hbar\omega}{k_B T}\right)}$$

を得る.

(2) 振動子は互いに独立で区別できるから,

$$Z(T,V,N) = \{Z(T,V,1)\}^N = \left\{1-\exp\left(-\frac{\hbar\omega}{k_B T}\right)\right\}^{-N}$$

となる.

(3) $A(T,V,N) = -k_B T \ln Z(T,V,N) = Nk_B T \ln\left\{1-\exp\left(-\frac{\hbar\omega}{k_B T}\right)\right\}$

(4) $S = -\left(\frac{\partial A}{\partial T}\right)_{V,N} = \frac{N\hbar\omega/T}{\exp\left(\frac{\hbar\omega}{k_B T}\right)-1} - Nk_B \ln\left\{1-\exp\left(-\frac{\hbar\omega}{k_B T}\right)\right\}$

$$E = A + TS = \frac{N\hbar\omega}{\exp\left(\frac{\hbar\omega}{k_B T}\right)-1}$$

$$C_V = \left(\frac{\partial E}{\partial T}\right)_{V,N} = Nk_B \left(\frac{\hbar\omega}{k_B T}\right)^2 \frac{\exp\left(\frac{\hbar\omega}{k_B T}\right)}{\left\{\exp\left(\frac{\hbar\omega}{k_B T}\right)-1\right\}^2}$$

(5) 3.5.2 の調和振動子のエネルギーとヘルムホルツの自由エネルギーは, プランク振動子に比べて零点振動の寄与 $N\hbar\omega/2$ だけ大きい. 比熱は同じである.

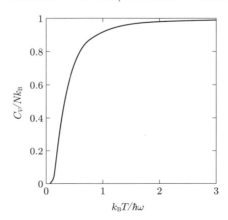

[5] (1) ある状態が出現する確率はボルツマン因子に比例するから，$\sigma = 1$ が出現する確率は

$$p_+ = \frac{\exp\left(\dfrac{\bar{\mu}H}{k_\mathrm{B}T}\right)}{\exp\left(\dfrac{\bar{\mu}H}{k_\mathrm{B}T}\right) + \exp\left(-\dfrac{\bar{\mu}H}{k_\mathrm{B}T}\right)}$$

であり，$\sigma = -1$ が出現する確率は

$$p_- = \frac{\exp\left(-\dfrac{\bar{\mu}H}{k_\mathrm{B}T}\right)}{\exp\left(\dfrac{\bar{\mu}H}{k_\mathrm{B}T}\right) + \exp\left(-\dfrac{\bar{\mu}H}{k_\mathrm{B}T}\right)}$$

である．

(2) $\langle \sigma \rangle = p_+(+1) + p_-(-1) = \tanh\left(\dfrac{\bar{\mu}H}{k_\mathrm{B}T}\right)$

(3) スピンは互いに独立であるから

$$M = \left\langle \sum_i \bar{\mu}\sigma_i \right\rangle = N\bar{\mu}\langle \sigma_i \rangle = N\bar{\mu}\tanh\left(\dfrac{\bar{\mu}H}{k_\mathrm{B}T}\right)$$

となる．

(4) 分配関数は $Z = \{\exp(\bar{\mu}H/k_\mathrm{B}T) + \exp(-\bar{\mu}H/k_\mathrm{B}T)\}^N$ であるから，自由エネルギーは $A = -Nk_\mathrm{B}T \ln\{\exp(\bar{\mu}H/k_\mathrm{B}T) + \exp(-\bar{\mu}H/k_\mathrm{B}T)\}$ で与えられる．これからエネルギーは

$$E = -T^2 \frac{\partial (A/T)}{\partial T} = -N\bar{\mu}H \tanh\left(\dfrac{\bar{\mu}H}{k_\mathrm{B}T}\right)$$

となる．

(5) $C_H = Nk_\mathrm{B} \left(\dfrac{\bar{\mu}H}{k_\mathrm{B}T}\right)^2 \mathrm{sech}^2\left(\dfrac{\bar{\mu}H}{k_\mathrm{B}T}\right)$

[6] (1) $Z(T) = \exp(\varepsilon/k_\mathrm{B}T) + 1 + \exp(-\varepsilon/k_\mathrm{B}T)$ とおくと，

$$\langle E \rangle = (-\varepsilon)\frac{\exp\left(\dfrac{\varepsilon}{k_\mathrm{B}T}\right)}{Z(T)} + (0)\frac{1}{Z(T)} + (\varepsilon)\frac{\exp\left(-\dfrac{\varepsilon}{k_\mathrm{B}T}\right)}{Z(T)}$$

$$= -\varepsilon \frac{\exp\left(\dfrac{\varepsilon}{k_\mathrm{B}T}\right) - \exp\left(-\dfrac{\varepsilon}{k_\mathrm{B}T}\right)}{Z(T)}$$

となる．

(2) $\langle E^2 \rangle = (-\varepsilon)^2 \dfrac{\exp\left(\dfrac{\varepsilon}{k_B T}\right)}{Z(T)} + (0)^2 \dfrac{1}{Z(T)} + (\varepsilon)^2 \dfrac{\exp\left(-\dfrac{\varepsilon}{k_B T}\right)}{Z(T)}$

$= \varepsilon^2 \dfrac{\exp\left(\dfrac{\varepsilon}{k_B T}\right) + \exp\left(-\dfrac{\varepsilon}{k_B T}\right)}{Z(T)}$

(3) $\langle \Delta E^2 \rangle = \langle E^2 \rangle - \langle E \rangle^2 = \varepsilon^2 \dfrac{4 + \exp\left(\dfrac{\varepsilon}{k_B T}\right) + \exp\left(-\dfrac{\varepsilon}{k_B T}\right)}{Z(T)^2}$

(4) $C = \dfrac{\partial \langle E \rangle}{\partial T} = k_B \left(\dfrac{\varepsilon}{k_B T}\right)^2 \dfrac{4 + \exp\left(\dfrac{\varepsilon}{k_B T}\right) + \exp\left(-\dfrac{\varepsilon}{k_B T}\right)}{Z(T)^2}$

(3) の結果と比べて，$\langle \Delta E^2 \rangle = k_B T^2 C$ となる．

[**7**] 観測される波長 λ の光の強度は，その波長の光を小さな窓に送る分子数に比例する．炉内の分子の数密度を n として，強度は

$$I(\lambda) \propto n \left(\dfrac{m}{2\pi k_B T}\right)^{3/2} \iint_{-\infty}^{\infty} \exp\left\{-\dfrac{m}{2k_B T}(v_x^2 + v_y^2 + v_z^2)\right\} dv_y\, dv_z$$

$$= n \left(\dfrac{m}{2\pi k_B T}\right)^{1/2} \exp\left(-\dfrac{m}{2k_B T} v_x^2\right)$$

と表され，$v_x = c(\lambda - \lambda_0)/\lambda_0$ を代入して与式を得る．

[**8**] (1) 鉛直上向きに z 軸をとると，分配関数は

$$Z = \dfrac{1}{N! h^{3N}} \int \cdots \int \exp\left\{-\dfrac{1}{k_B T} \sum_i \left(\dfrac{\boldsymbol{p}_i^2}{2m} + mgz_i\right)\right\} \prod_i d\boldsymbol{r}_i\, d\boldsymbol{p}_i$$

$$= \dfrac{A^N}{N! h^{3N}} \left\{\int_{-\infty}^{\infty} \exp\left(-\dfrac{p^2}{2mk_B T}\right) dp\right\}^{3N} \left\{\int_0^{\infty} \exp\left(-\dfrac{mgz}{k_B T}\right) dz\right\}^N$$

$$= \dfrac{A^N (2\pi m k_B T)^{3N/2}}{N! h^{3N}} \left(\dfrac{k_B T}{mg}\right)^N$$

となる．

(2) ヘルムホルツの自由エネルギーは

$$A = -k_B T \ln Z = N k_B T \left\{\ln\left(\dfrac{mg}{k_B T}\right) - \dfrac{3}{2} \ln\left(\dfrac{2\pi m k_B T}{h^2}\right) + \ln \dfrac{N}{A} - 1\right\}$$

だから，エネルギーは

$$E = -T^2 \left(\dfrac{\partial A/T}{\partial T}\right)_{V,N} = \dfrac{5}{2} N k_B T$$

となる．したがって，定積比熱は
$$C_V = \frac{5}{2}Nk_{\mathrm{B}}$$
となる．

(3) 気体の温度を上げると，個々の分子の運動エネルギーの増加と共に重力による位置エネルギーも増加するため．

[**9**] $\displaystyle \langle M_z \rangle = \frac{\int_0^\pi \int_0^{2\pi} \bar{\mu} \cos\theta \exp\left(\frac{\bar{\mu}H \cos\theta}{k_{\mathrm{B}}T}\right) \sin\theta \, d\theta \, d\phi}{\int_0^\pi \int_0^{2\pi} \exp\left(\frac{\bar{\mu}H \cos\theta}{k_{\mathrm{B}}T}\right) \sin\theta \, d\theta \, d\phi}$

$\displaystyle = k_{\mathrm{B}}T \frac{\partial}{\partial H} \ln \int_0^\pi d\theta \int_0^{2\pi} \exp\left(\frac{\bar{\mu}H \cos\theta}{k_{\mathrm{B}}T}\right) \sin\theta \, d\phi$

$\displaystyle = k_{\mathrm{B}}T \frac{\partial}{\partial H} \ln\left\{\left(\frac{4\pi k_{\mathrm{B}}T}{\bar{\mu}H}\right) \sinh\left(\frac{\bar{\mu}H}{k_{\mathrm{B}}T}\right)\right\}$

$\displaystyle = \bar{\mu}\left\{\coth\left(\frac{\bar{\mu}H}{k_{\mathrm{B}}T}\right) - \frac{k_{\mathrm{B}}T}{\bar{\mu}H}\right\} = \tilde{\mu}\mathcal{L}\left(\frac{\bar{\mu}H}{k_{\mathrm{B}}T}\right)$

[**10**] (1) $\displaystyle \langle M_z \rangle = \frac{\sum_{m=-J}^{m=J} \bar{\mu}m \exp\left(\frac{\bar{\mu}Hm}{k_{\mathrm{B}}T}\right)}{\sum_{m=-J}^{m=J} \exp\left(\frac{\bar{\mu}Hm}{k_{\mathrm{B}}T}\right)}$

$\displaystyle = k_{\mathrm{B}}T \frac{\partial}{\partial H} \ln\left\{\sum_{m=-J}^{m=J} \exp\left(\frac{\bar{\mu}Hm}{k_{\mathrm{B}}T}\right)\right\}$

$\displaystyle = k_{\mathrm{B}}T \frac{\partial}{\partial H} \ln\left[\frac{\sinh\left\{\dfrac{\left(J+\frac{1}{2}\right)\bar{\mu}H}{k_{\mathrm{B}}T}\right\}}{\sinh\left(\dfrac{\bar{\mu}H}{2k_{\mathrm{B}}T}\right)}\right]$

$\displaystyle = \bar{\mu}J B_J\left(\frac{\bar{\mu}JH}{k_{\mathrm{B}}T}\right)$

(2) $J \to \infty$ のとき，$1 + 1/2J \sim 1$, $(1/2J)\coth(x/2J) \sim (1/2J)\{2J/x + O(1/J)\} = 1/x$ を代入すると
$$B_J(x) \sim \coth x - \frac{1}{x} = \mathcal{L}(x)$$
である．

(3)

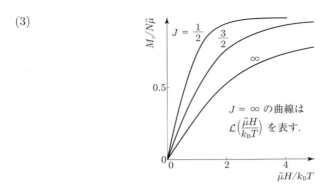

[**11**] (1) $Z_t = \dfrac{1}{h^3} \int \cdots \int \exp\left(-\dfrac{P_x^2 + P_y^2 + P_z^2}{2Mk_BT}\right) dX\, dY\, dZ\, dP_x\, dP_y\, dP_z$

$= V \left(\dfrac{2\pi M k_B T}{h^2}\right)^{3/2}$

$Z_r = \dfrac{1}{h^2} \int \cdots \int \exp\left[-\dfrac{1}{k_BT}\left\{\dfrac{1}{2I}\left(p_\theta^2 + \dfrac{p_\phi^2}{\sin^2\theta}\right) - \bar\mu E \cos\theta\right\}\right] dp_\theta\, d\theta\, dp_\phi\, d\phi$

$= \dfrac{2\pi I k_B T}{h^2} \int_0^\pi d\theta \int_0^{2\pi} d\phi\, \sin\theta\, \exp\left(\dfrac{\bar\mu E \cos\theta}{k_BT}\right)$

$= \dfrac{(2\pi k_B T)^2 I}{h^2} \dfrac{\exp\left(\dfrac{\bar\mu E}{k_BT}\right) - \exp\left(-\dfrac{\bar\mu E}{k_BT}\right)}{\bar\mu E}$

(2) $\qquad A = -Nk_BT\left(\ln \dfrac{Z_t}{N} + \ln Z_r + 1\right)$

だから

$$P = \dfrac{Nk_BT}{V}\dfrac{\partial \ln Z_r}{\partial E} = \dfrac{N\bar\mu}{V}\left\{\coth\left(\dfrac{\bar\mu E}{k_BT}\right) - \dfrac{k_BT}{\bar\mu E}\right\} = \dfrac{N\bar\mu}{V}\mathcal{L}\left(\dfrac{\bar\mu E}{k_BT}\right)$$

となる.

(3) $P \sim N\bar\mu^2 E/3k_BTV$ であるから

$$\epsilon = 1 + \dfrac{4\pi}{3}\dfrac{\bar\mu^2}{k_BT}\dfrac{N}{V}$$

となる.

[**12**] $\beta_1,\ \beta_2$ をもつ 2 つの系 1, 2 を接触させたとき, 系 1 から系 2 に ΔE のエネルギーが移動したとすると, 全系のエントロピーの変化は $\Delta S = k_B(\beta_2 - \beta_1)\Delta E$ で与えられる. 熱力学第 2 法則によれば, $\Delta S > 0$ が常に成り立つ. したがって,

$\beta_2 > \beta_1$ なら $\Delta E > 0$, $\beta_2 < \beta_1$ なら $\Delta E < 0$ である. $\beta_2 > 0 > \beta_1$ の場合も, $\Delta E > 0$, すなわち系 1 から系 2 にエネルギーが流れる. つまり, 負の温度の $\beta_1 < 0$ の状態から正の温度の $\beta_2 > 0$ の状態に常にエネルギーが流れるので, 負の温度の状態の方が任意の正の温度の状態より高温であるといってよい.

第 4 章

[**1**] (1) 要素が 1 個の場合の分配関数は, $Z(T,1) = \{\exp(-\varepsilon/k_\mathrm{B}T) + 1 + \exp(\varepsilon/k_\mathrm{B}T)\}$ であり, 要素は互いに区別できるから

$$Z(T,N) = \left\{\exp\left(-\frac{\varepsilon}{k_\mathrm{B}T}\right) + 1 + \exp\left(\frac{\varepsilon}{k_\mathrm{B}T}\right)\right\}^N$$

となる.

(2) 等比級数の公式を用いて

$$\Xi = \frac{1}{1 - z\,\phi(T)} \qquad \left(\text{ただし,}\ \ \phi(T) = \exp\left(-\frac{\varepsilon}{k_\mathrm{B}T}\right) + 1 + \exp\left(\frac{\varepsilon}{k_\mathrm{B}T}\right)\right)$$

よって

$$\mathcal{J}(T,\mu) = -k_\mathrm{B}T \ln \Xi = k_\mathrm{B}T \ln\{1 - z\,\phi(T)\}$$

となる.

(3) 要素数の平均値は (4.21) より

$$\begin{aligned}
\langle N \rangle &= -\left(\frac{\partial \mathcal{J}}{\partial \mu}\right)_{T,V} \\
&= -\left(\frac{\partial z}{\partial \mu}\right)_T \left(\frac{\partial \mathcal{J}}{\partial z}\right)_{T,V} \\
&= \frac{z\left\{\exp\left(-\dfrac{\varepsilon}{k_\mathrm{B}T}\right) + 1 + \exp\left(\dfrac{\varepsilon}{k_\mathrm{B}T}\right)\right\}}{1 - z\left\{\exp\left(-\dfrac{\varepsilon}{k_\mathrm{B}T}\right) + 1 + \exp\left(\dfrac{\varepsilon}{k_\mathrm{B}T}\right)\right\}}
\end{aligned}$$

また, エネルギーの平均値は (4.22) より

$$\begin{aligned}
\langle E \rangle &= \langle N \rangle k_\mathrm{B}T^2 \frac{d \ln \phi(T)}{dT} \\
&= \langle N \rangle \varepsilon \frac{\exp\left(-\dfrac{\varepsilon}{k_\mathrm{B}T}\right) - \exp\left(\dfrac{\varepsilon}{k_\mathrm{B}T}\right)}{\exp\left(-\dfrac{\varepsilon}{k_\mathrm{B}T}\right) + 1 + \exp\left(\dfrac{\varepsilon}{k_\mathrm{B}T}\right)}
\end{aligned}$$

となる.

[**2**] (1) 3.4 節の方法に従って,

$$Z(T,V,N) = \frac{1}{N!}\left\{\frac{V(2\pi m k_{\rm B} T)^{3/2}}{h^3}\right\}^N \exp\left(-\frac{Nmgz}{k_{\rm B} T}\right)$$

となる.

(2) 定義に従って,

$$\Xi(T,V,\mu) = \sum_{N=0}^{\infty} \exp\left(\frac{N\mu}{k_{\rm B} T}\right) Z(T,V,N)$$

$$= \exp\left\{\frac{V(2\pi m k_{\rm B} T)^{3/2}}{h^3} \exp\left(\frac{\mu - mgz}{k_{\rm B} T}\right)\right\}$$

となる.

(3) $\mathcal{J}$ 関数は

$$\mathcal{J}(T,V,\mu) = -k_{\rm B} T \ln \Xi(T,V,\mu)$$

$$= -k_{\rm B} T \left\{\frac{V(2\pi m k_{\rm B} T)^{3/2}}{h^3} \exp\left(\frac{\mu - mgz}{k_{\rm B} T}\right)\right\}$$

したがって,圧力は

$$P(z) = -\left(\frac{\partial \mathcal{J}}{\partial V}\right)_{T,\mu} = k_{\rm B} T \left\{\frac{(2\pi m k_{\rm B} T)^{3/2}}{h^3} \exp\left(\frac{\mu - mgz}{k_{\rm B} T}\right)\right\}$$

となる.

一方,粒子数の平均値は

$$\langle N \rangle = -\left(\frac{\partial \mathcal{J}}{\partial \mu}\right)_{T,V} = \frac{V(2\pi m k_{\rm B} T)^{3/2}}{h^3} \exp\left(\frac{\mu - mgz}{k_{\rm B} T}\right)$$

であり,$P(z)V = \langle N \rangle k_{\rm B} T$ が成立する.

(4) (3) の圧力の式において $\mu =$ 一定 とすれば,直ちに

$$P(z) \propto \exp\left(-\frac{mgz}{k_{\rm B} T}\right)$$

である.

[**3**] (1) N_1 個の分子が吸着しているミクロな状態の数は $N!/(N-N_1)!N_1!$ であり,各状態のエネルギーはすべて $-N_1\varepsilon$ である.これより,分配関数は

$$Z_{N_1} = \frac{N!}{N_1!(N-N_1)!} \exp\left(\frac{N_1\varepsilon}{k_{\rm B} T}\right)$$

となる.

(2) 大分配関数は,
$$\Xi = \sum_{N_1=0}^{N} z^{N_1} Z_{N_1} = \sum_{N_1=0}^{N} \frac{N!}{(N-N_1)!\, N_1!} \left\{ z \exp\left(\frac{\varepsilon}{k_B T}\right) \right\}^{N_1}$$
$$= \left\{ 1 + z \exp\left(\frac{\varepsilon}{k_B T}\right) \right\}^{N}$$

で与えられる.

(3) $\displaystyle \langle N_1 \rangle = \frac{\sum_{N_1=0}^{N} N_1 z^{N_1} Z_{N_1}}{\Xi} = z \frac{\partial \ln \Xi}{\partial z} = \frac{N}{1 + z^{-1} \exp\left(-\dfrac{\varepsilon}{k_B T}\right)}$

(4) 被覆率は
$$\frac{\langle N_1 \rangle}{N} = \frac{1}{1 + z^{-1} \exp\left(-\dfrac{\varepsilon}{k_B T}\right)}$$

だから,理想気体の z の表式 (3.35) を代入して
$$\frac{\langle N_1 \rangle}{N} = \frac{P}{P + P_0(T)}$$

ただし,
$$P_0(T) = k_B T \left(\frac{2\pi m k_B T}{h^2}\right)^{3/2} \exp\left(-\frac{\varepsilon}{k_B T}\right)$$

である.

[4] (1) 粒子数の平均値は
$$\langle N \rangle = \frac{\sum_N \sum_r N z^N \exp\left(-\dfrac{E_r}{k_B T}\right)}{\Xi(T, V, \mu)} = \frac{z \dfrac{\partial}{\partial z} \sum_N \sum_r z^N \exp\left(-\dfrac{E_r}{k_B T}\right)}{\Xi(T, V, \mu)}$$
$$= z \frac{\partial}{\partial z} \ln \Xi(T, V, \mu)$$
$$= k_B T \frac{\partial}{\partial \mu} \ln \Xi(T, V, \mu)$$

(2) エネルギーの平均値は $\beta = 1/k_B T$ として
$$\langle E \rangle = \frac{\sum_N \sum_r E_r e^{-\beta(E_r - \mu N)}}{\Xi(T, V, \mu)}$$

$$= \frac{-\dfrac{\partial}{\partial \beta} \sum_N \sum_r e^{-\beta(E_r - \mu N)}}{\Xi(T, V, \mu)} + \frac{\sum_N \sum_r \mu N e^{-\beta(E_r - \mu N)}}{\Xi(T, V, \mu)}$$

$$= -\frac{\partial}{\partial \beta} \ln \Xi(T, V, \mu) + \mu \langle N \rangle$$

$$= k_{\mathrm{B}} T^2 \frac{\partial}{\partial T} \ln \Xi(T, V, \mu) + \mu \langle N \rangle$$

と表せる．

(3) (2) の結果と熱力学の公式を比較して，

$$\mathcal{J}(T, V, \mu) = -k_{\mathrm{B}} T \ln \Xi(T, V, \mu)$$

であることがわかる．

[**5**] (1) 粒子数の平均値は

$$\langle N \rangle = \frac{\sum_N \sum_r N z^N \exp\left(-\dfrac{E_r}{k_{\mathrm{B}} T}\right)}{\Xi(T, V, \mu)} = \frac{z \dfrac{\partial}{\partial z} \sum_N \sum_r z^N \exp\left(-\dfrac{E_r}{k_{\mathrm{B}} T}\right)}{\Xi(T, V, \mu)}$$

$$= z \frac{\partial}{\partial z} \ln \Xi(T, V, \mu)$$

$$= k_{\mathrm{B}} T \frac{\partial}{\partial \mu} \ln \Xi(T, V, \mu)$$

であり，粒子数の 2 乗の平均値は

$$\langle N^2 \rangle = \frac{1}{\Xi} z \frac{\partial}{\partial z} \left(z \frac{\partial \Xi}{\partial z} \right)$$

で与えられる．

一方，

$$\frac{\partial \langle N \rangle}{\partial \mu} = \frac{1}{k_{\mathrm{B}} T} z \frac{\partial}{\partial z} \left(\frac{1}{\Xi} z \frac{\partial \Xi}{\partial z} \right)$$

$$= \frac{1}{k_{\mathrm{B}} T} \left[\frac{1}{\Xi} \left\{ z \frac{\partial}{\partial z} \left(z \frac{\partial \Xi}{\partial z} \right) \right\} - \left(\frac{z}{\Xi} \frac{\partial \Xi}{\partial z} \right)^2 \right]$$

となるので

$$\langle \Delta N^2 \rangle = \langle N^2 \rangle - \langle N \rangle^2 = k_{\mathrm{B}} T \left(\frac{\partial \langle N \rangle}{\partial \mu} \right)_{V, T}$$

を得る．

(2) $$\langle \Delta N^2 \rangle = -k_{\mathrm{B}} T \frac{N^2}{V^2} \left(\frac{\partial V}{\partial P} \right)_{N, T} = k_{\mathrm{B}} T \frac{N^2}{V} \kappa_T$$

これより
$$\frac{\sqrt{\langle \Delta N^2 \rangle}}{\langle N \rangle} = \sqrt{\frac{k_B T \kappa_T}{V}}$$
を得る.

(3) $\langle E \rangle = \dfrac{1}{\Xi} \sum_N \sum_r z^N E_r e^{-\beta E_r}$

$\qquad = \dfrac{1}{\Xi} \left(-\dfrac{\partial \sum_N \sum_r z^N e^{-\beta E_r}}{\partial \beta} \right)_{V,z} = -\dfrac{1}{\Xi} \left(\dfrac{\partial \Xi}{\partial \beta} \right)_{V,z}$

$\langle E^2 \rangle = \dfrac{1}{\Xi} \sum_N \sum_r z^N E_r^2 e^{-\beta E_r}$

$\qquad = \dfrac{1}{\Xi} \left(\dfrac{\partial^2 \sum_N \sum_r z^N e^{-\beta E_r}}{\partial \beta^2} \right)_{V,z} = \dfrac{1}{\Xi} \left(\dfrac{\partial^2 \Xi}{\partial \beta^2} \right)_{V,z}$

(4) $\langle E^2 \rangle - \langle E \rangle^2 = \dfrac{1}{\Xi} \left(\dfrac{\partial^2 \Xi}{\partial \beta^2} \right)_{V,z} - \left\{ \dfrac{1}{\Xi} \left(\dfrac{\partial \Xi}{\partial \beta} \right)_{V,z} \right\}^2$

$\qquad = -\dfrac{\partial}{\partial \beta} \left(-\dfrac{1}{\Xi} \left(\dfrac{\partial \Xi}{\partial \beta} \right)_{V,z} \right)$

$\qquad = k_B T^2 \left(\dfrac{\partial \langle E \rangle}{\partial T} \right)_{V,z}$

(5) まず,
$$\left(\frac{\partial E}{\partial T} \right)_{V,z} = \left(\frac{\partial E}{\partial T} \right)_{V,N} + \left(\frac{\partial E}{\partial N} \right)_{T,V} \left(\frac{\partial N}{\partial T} \right)_{V,z}$$
となり, また,
$$\left(\frac{\partial N}{\partial T} \right)_{V,z} = \left(\frac{\partial N}{\partial T} \right)_{V,\mu} + \left(\frac{\partial N}{\partial \mu} \right)_{T,V} \left(\frac{\partial \mu}{\partial T} \right)_{V,z}$$
$$= -\left(\frac{\partial N}{\partial \mu} \right)_{T,V} \left(\frac{\partial \mu}{\partial T} \right)_{V,N} + \left(\frac{\partial N}{\partial \mu} \right)_{T,V} \left(\frac{\mu}{T} \right)_{V,z}$$
$$= \frac{1}{T} \left(\frac{\partial N}{\partial \mu} \right)_{T,V} \left\{ \mu - T \left(\frac{\partial \mu}{\partial T} \right)_{V,N} \right\}$$
となる. 一方, マクスウェルの関係式から
$$\left(\frac{\partial \mu}{\partial T} \right)_{V,N} = -\left(\frac{\partial S}{\partial N} \right)_{T,V}$$

また，付録 A.1 の表 A.1 の dE の式から

$$\left(\frac{\partial E}{\partial N}\right)_{T,V} = \mu + T\left(\frac{\partial S}{\partial N}\right)_{T,V}$$

だから

$$\left(\frac{\partial N}{\partial T}\right)_{V,z} = \frac{1}{T}\left(\frac{\partial N}{\partial \mu}\right)_{T,V}\left(\frac{\partial E}{\partial N}\right)_{T,V}$$

である．よって，

$$\langle \Delta E^2 \rangle = k_\mathrm{B} T^2 \left\{\left(\frac{\partial E}{\partial T}\right)_{V,N} + \frac{1}{T}\left(\frac{\partial N}{\partial \mu}\right)_{T,V}\left(\frac{\partial E}{\partial N}\right)^2_{T,V}\right\}$$

であり，$\langle \Delta N^2 \rangle = k_\mathrm{B} T (\partial N/\partial \mu)_{T,V}$ を用いて，

$$\langle \Delta E^2 \rangle = k_\mathrm{B} T^2 C_V + \langle \Delta N^2 \rangle \left(\frac{\partial E}{\partial N}\right)^2_{T,V}$$

を得る．

[**6**] (1) N 個の要素から N_h 個を選び，それらを状態 h にする場合の数で与えられるから

$$W(N_h, N_v) = \frac{N!}{N_h!\, N_v!}$$

である．

(2) $\displaystyle \langle L \rangle = \sum_{N_h=0}^{N} L \frac{W(N_h, N_v)\exp\left[-\dfrac{1}{k_\mathrm{B}T}\{E(N_h, N_v) - XL(N_h, N_v)\}\right]}{Y(T, X, N)}$

$\displaystyle = \sum_{N_h=0}^{N} k_\mathrm{B} T \frac{\partial}{\partial X} \frac{W(N_h, N_v)\exp\left[-\dfrac{1}{k_\mathrm{B}T}\{E(N_h, N_v) - XL(N_h, N_v)\}\right]}{Y(T, X, N)}$

$\displaystyle = k_\mathrm{B} T \frac{\partial}{\partial X} \ln Y(T, X, N)$

(3) $\displaystyle Y(T, X, N) = \sum_{N_h=0}^{N} W(N_h, N_v)\exp\left[-\frac{1}{k_\mathrm{B}T}\{\varepsilon N_v - X(n_h l_h + N_v l_v)\}\right]$

$\displaystyle = \left\{\exp\left(\frac{-\varepsilon + X l_v}{k_\mathrm{B}T}\right) + \exp\left(\frac{X l_h}{k_\mathrm{B}T}\right)\right\}^N$

より，長さの平均値は

$$\langle L \rangle = N \frac{l_v \exp\left(-\dfrac{\varepsilon - X l_v}{k_B T}\right) + l_h \exp\left(\dfrac{X l_h}{k_B T}\right)}{\exp\left(-\dfrac{\varepsilon - X l_v}{k_B T}\right) + \exp\left(\dfrac{X l_h}{k_B T}\right)}$$

となる.

(4) $l_v = 0$ とすると,

$$\langle L \rangle = N \frac{l_h \exp\left(\dfrac{X l_h}{k_B T}\right)}{\exp\left(-\dfrac{\varepsilon}{k_B T}\right) + \exp\left(\dfrac{X l_h}{k_B T}\right)} = N l_h \frac{1}{\exp\left(-\dfrac{H}{k_B T}\right) + 1}$$

となる.

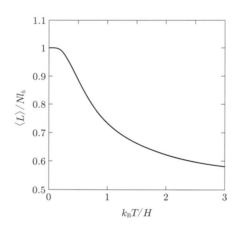

[7] (1) $Y(T, X, N) = \int \cdots \int \exp\left(\beta X \sum_i l \cos\theta_i\right) \prod_{i=1}^{N} \sin\theta_i \, d\theta_i \, d\phi_i$

$= \prod_{i=1}^{N} \int \exp(\beta X l \cos\theta_i) \sin\theta_i \, d\theta_i \, d\phi_i$

$= \left\{\dfrac{4\pi \sinh(\beta X l)}{\beta X l}\right\}^N \quad \left(\text{ただし,}\ \beta = \dfrac{1}{k_B T}\right)$

(2) $\langle L \rangle = \dfrac{\displaystyle\int_{-Nl}^{Nl} L \exp\left(\dfrac{XL}{k_B T}\right) \Omega(L) \, dL}{Y(T, X, N)}$

$$= \frac{k_{\mathrm{B}}T \dfrac{\partial}{\partial X} \displaystyle\int_{-Nl}^{Nl} \exp\left(\dfrac{XL}{k_{\mathrm{B}}T}\right) \Omega(L)\,dL}{Y(T,X,N)}$$

$$= k_{\mathrm{B}}T \frac{\partial \ln Y}{\partial X}$$

である. したがって

$$\langle L \rangle = -k_{\mathrm{B}}T \frac{\partial}{\partial X}\left\{\ln \frac{4\pi \sinh(\beta Xl)}{\beta Xl}\right\}^N = Nk_{\mathrm{B}}T\left(\frac{\cosh \beta Xl}{\sinh \beta Xl}\cdot \beta l - \frac{1}{X}\right)$$

$$= Nl\left(\coth \beta Xl - \frac{k_{\mathrm{B}}T}{Xl}\right) = Nl\mathcal{L}\left(\frac{Xl}{k_{\mathrm{B}}T}\right)$$

となる.

(3)

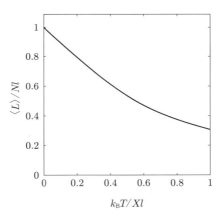

[8] (1) $p(E_r, V) = V\exp\{-(1/k_{\mathrm{B}}T)(E_r + PV)\}/Y(T, P, N)$ だから

$$\langle V \rangle = \sum_V \sum_r \frac{V \exp\left\{-\dfrac{1}{k_{\mathrm{B}}T}(E_r + PV)\right\}}{Y(T, P, N)}$$

$$= \frac{-k_{\mathrm{B}}T \dfrac{\partial}{\partial P}\displaystyle\sum_V \sum_r \exp\left\{-\dfrac{1}{k_{\mathrm{B}}T}(E_r + PV)\right\}}{Y(T, P, N)}$$

$$= -k_{\mathrm{B}}T \left(\frac{\partial}{\partial P}\ln Y(T, P, N)\right)_{T, N}$$

となる.

(2) $p(E_r, V) = V\exp\{-(1/k_{\mathrm{B}}T)(E_r + PV)\}/Y(T, P, N)$ だから, $\beta = 1/k_{\mathrm{B}}T$ として

$$\langle E \rangle = \sum_V \sum_r \frac{E_r e^{-\beta(E_r+PV)}}{Y(T,P,N)}$$

$$= \frac{\sum_V \sum_r \left(-\frac{\partial}{\partial \beta} - PV\right) e^{-\beta(E_r+PV)}}{Y(T,P,N)}$$

$$= -\frac{\frac{\partial}{\partial \beta} \sum_V \sum_r e^{-\beta(E_r+PV)}}{Y(T,P,N)} - P\langle V \rangle$$

$\partial/\partial\beta = (\partial T/\partial\beta)(\partial/\partial T) = -k_{\mathrm{B}}T^2(\partial/\partial T)$ および (1) の結果を用いて

$$\langle E \rangle = T^2 \left\{ \frac{\partial k_{\mathrm{B}} \ln Y(T,P,N)}{\partial T} \right\}_{P,N} + TP \left\{ \frac{\partial k_{\mathrm{B}} \ln Y(T,P,N)}{\partial P} \right\}_{T,N}$$

となる.

(3) (2) の結果と熱力学の公式を比較して $-G/T = k_{\mathrm{B}} \ln Y(T,P,N)$ と対応づけられるから, $G(T,P,N) = -k_{\mathrm{B}} T \ln Y(T,P,N)$ である.

[9] (1) 体積の平均値は,

$$\langle V \rangle = -\frac{1}{\beta} \frac{1}{Y(T,P,N)} \frac{\partial}{\partial P} Y(T,P,N)$$

体積の 2 乗の平均値は

$$\langle V^2 \rangle = \frac{1}{\beta^2} \frac{1}{Y(T,P,N)} \frac{\partial^2}{\partial P^2} Y(T,P,N)$$

である. したがって, 体積のゆらぎの 2 乗の平均値は

$$\langle \Delta V^2 \rangle = \langle V^2 \rangle - \langle V \rangle^2 = \frac{1}{\beta^2} \left\{ \frac{1}{Y} \frac{\partial^2 Y}{\partial P^2} - \frac{1}{Y^2} \left(\frac{\partial Y}{\partial P} \right)^2 \right\}$$

$$= \frac{1}{\beta^2} \frac{\partial}{\partial P} \left(\frac{1}{Y} \frac{\partial Y}{\partial P} \right) = -\frac{1}{\beta} \frac{\partial}{\partial P} \langle V \rangle$$

$$= k_{\mathrm{B}} T \langle V \rangle \kappa_T$$

と表される.

(2) 体積の相対ゆらぎの大きさは,

$$\frac{\sqrt{\langle \Delta V^2 \rangle}}{\langle V \rangle} = \sqrt{\frac{k_{\mathrm{B}} T \kappa_T}{\langle V \rangle}}$$

で与えられる. つまり, 十分大きな巨視系では $\langle V \rangle$ が大きく, ゆらぎは無視できる.

第 5 章

[**1**]　(1)　2個のボース粒子の場合，図 5.1(b) を参考にして
$$Z_{\mathrm{BB}} = e^{-2\varepsilon_1 \beta} + e^{-(\varepsilon_1+\varepsilon_2)\beta} + e^{-2\varepsilon_2 \beta}$$
また，2個のフェルミ粒子の場合，図 5.1(a) より
$$Z_{\mathrm{FF}} = e^{-(\varepsilon_1+\varepsilon_2)\beta}$$
1個のボース粒子と1個のフェルミ粒子の場合，それぞれが2つの状態を自由にとれるので
$$Z_{\mathrm{BF}} = \left(e^{-\varepsilon_1 \beta} + e^{-\varepsilon_2 \beta}\right)^2$$
となる．

(2)　$E = -\partial \ln Z / \partial \beta$ より
$$E_{\mathrm{BB}} = \frac{2\varepsilon_1 e^{-2\varepsilon_1 \beta} + (\varepsilon_1+\varepsilon_2)e^{-(\varepsilon_1+\varepsilon_2)\beta} + 2\varepsilon_2 e^{-2\varepsilon_2 \beta}}{Z_{\mathrm{BB}}}$$
$$E_{\mathrm{FF}} = \frac{(\varepsilon_1+\varepsilon_2)e^{-(\varepsilon_1+\varepsilon_2)\beta}}{Z_{\mathrm{FF}}} = \varepsilon_1 + \varepsilon_2$$
$$E_{\mathrm{BF}} = 2\frac{\varepsilon_1 e^{-\varepsilon_1 \beta} + \varepsilon_2 e^{-\varepsilon_2 \beta}}{e^{-\varepsilon_1 \beta} + e^{-\varepsilon_2 \beta}}$$
比熱は，
$$C = \frac{\partial E}{\partial T} = -\frac{1}{k_{\mathrm{B}} T^2} \frac{\partial E}{\partial \beta}$$
より
$$C_{\mathrm{BB}} = \frac{1}{k_{\mathrm{B}} T^2} \left[\frac{(2\varepsilon_1)^2 e^{-2\varepsilon_1 \beta} + (\varepsilon_1+\varepsilon_2)^2 e^{-(\varepsilon_1+\varepsilon_2)\beta} + (2\varepsilon_2)^2 e^{-2\varepsilon_2 \beta}}{Z_{\mathrm{BB}}} \right.$$
$$\left. - \left\{ \frac{2\varepsilon_1 e^{-2\varepsilon_1 \beta} + (\varepsilon_1+\varepsilon_2)e^{-(\varepsilon_1+\varepsilon_2)\beta} + 2\varepsilon_2 e^{-2\varepsilon_2 \beta}}{Z_{\mathrm{BB}}} \right\}^2 \right]$$
$$C_{\mathrm{FF}} = 0$$
$$C_{\mathrm{BF}} = \frac{2}{k_{\mathrm{B}} T^2} \left\{ \frac{\varepsilon_1^2 e^{-\varepsilon_1 \beta} + \varepsilon_2^2 e^{-\varepsilon_2 \beta}}{e^{-\varepsilon_1 \beta} + e^{-\varepsilon_2 \beta}} - \left(\frac{\varepsilon_1 e^{-\varepsilon_1 \beta} + \varepsilon_2 e^{-\varepsilon_2 \beta}}{e^{-\varepsilon_1 \beta} + e^{-\varepsilon_2 \beta}} \right)^2 \right\}$$
となる．

[**2**]　$Z_{\mathrm{BB}} = 2(1 + \cosh\beta\varepsilon + \cosh 2\beta\varepsilon)$,　　　$Z_{\mathrm{FF}} = 1 + 2\cosh\beta\varepsilon$

```
ε ───  ──○── ──○─ ─○○      ε ───   ──○──  ──○─
0 ───  ──○── ─○○─ ───      0 ─○─   ───    ─○──
-ε ○○  ──○── ──○─ ───     -ε ─○─   ──○─   ───
E = -2ε -ε   0   0   ε   2ε      E = -ε    0    ε
     2個のボース粒子                  2個のフェルミ粒子
```

[3] (1) 1個のボース粒子と1個のフェルミ粒子の場合, それぞれが2つの状態を自由にとれるので

$$Z_{\mathrm{BF}} = \sum_{m_1}\sum_{m_2} e^{-\beta(m_1+m_2+1)\hbar\omega} = e^{-\beta\hbar\omega}\left(\frac{1}{1-e^{-\beta\hbar\omega}}\right)^2$$
$$= \left\{\frac{1}{2\sinh\left(\dfrac{\beta\hbar\omega}{2}\right)}\right\}^2$$

となる.

2個の粒子が同じ状態のみを占めた場合の分配関数

$$Z_2 = \sum_m e^{-\beta(2m+1)\hbar\omega} = \frac{e^{-\beta\hbar\omega}}{1-e^{-2\beta\hbar\omega}} = \frac{1}{e^{\beta\hbar\omega}-e^{-\beta\hbar\omega}} = \frac{1}{2\sinh\beta\hbar\omega}$$

を定義すると, 2個のボース粒子のときの分配関数は $Z_{\mathrm{BB}} = (Z_{\mathrm{BF}}+Z_2)/2$, 2個のフェルミ粒子のときの分配関数は $Z_{\mathrm{FF}} = (Z_{\mathrm{BF}}-Z_2)/2$ である. ボース粒子に対して $a=-1$, フェルミ粒子に対して $a=1$ となる変数 a を定義すると

$$Z = \frac{Z_{\mathrm{BF}} - aZ_2}{2}$$

と表せる.

[別解]
$$Z_{\mathrm{BB}} = \sum_{m_2}\sum_{m_1 > m_2} e^{-\beta(m_1+m_2+1)\hbar\omega} = e^{-\beta\hbar\omega}\sum_{m_2}\frac{e^{-2\beta\hbar\omega m_2}}{1-e^{-\beta\hbar\omega}}$$
$$= \frac{e^{-\beta\hbar\omega}}{1-e^{-\beta\hbar\omega}}\frac{1}{1-e^{-2\beta\hbar\omega}} = \frac{e^{\beta\hbar\omega/2}}{4\sinh\left(\dfrac{\beta\hbar\omega}{2}\right)\sinh\beta\hbar\omega}$$

$$Z_{\mathrm{FF}} = \sum_{m_2}\sum_{m_1 > m_2} e^{-\beta(m_1+m_2+1)\hbar\omega} = e^{-\beta\hbar\omega}\sum_{m_2}\frac{e^{-2\beta\hbar\omega(m_2+1)}}{1-e^{-\beta\hbar\omega}}$$
$$= \frac{e^{-2\beta\hbar\omega}}{1-e^{-\beta\hbar\omega}}\frac{1}{1-e^{-2\beta\hbar\omega}} = \frac{\exp\left(-\dfrac{\beta\hbar\omega}{2}\right)}{4\sinh\left(\dfrac{\beta\hbar\omega}{2}\right)\sinh\beta\hbar\omega}$$

(2) 1個のボース粒子と1個のフェルミ粒子の場合,

第 5 章

$$E_{\rm BF} = -\frac{\partial \ln Z_{\rm BF}}{\partial \beta}, \qquad C_{\rm BF} = -\frac{1}{k_{\rm B}T^2}\frac{\partial E_{\rm BF}}{\partial \beta}$$

より

$$E_{\rm BF} = \hbar\omega \coth\left(\frac{\beta\hbar\omega}{2}\right), \qquad C_{\rm BF} = k_{\rm B}\left(\frac{\hbar\omega}{k_{\rm B}T}\right)^2 \frac{1}{2\sinh^2\left(\frac{\beta\hbar\omega}{2}\right)}$$

となる.

2個のボース粒子，2個のフェルミ粒子の場合は，$E_2 = \hbar\omega \coth\beta\hbar\omega$ として

$$E = \frac{Z_{\rm BF}E_{\rm BF} - aZ_2 E_2}{Z_{\rm BF} - aZ_2}$$

また，比熱については，

$$C_2 = \frac{\partial E_s}{\partial T} = k_{\rm B}\left(\frac{\hbar\omega}{k_{\rm B}T}\right)^2 \frac{1}{\sinh^2 \beta\hbar\omega}$$

として

$$C = \frac{1}{k_{\rm B}T^2}\left\{\frac{E_{\rm BF}^2 Z_{\rm BF} - aE_2^2 Z_2^2 + k_{\rm B}T^2(C_{\rm BF}Z_{\rm BF} - aC_2 Z_2)}{Z_{\rm BF} - aZ_2}\right.$$
$$\left. - \left(\frac{E_{\rm BF}Z_{\rm BF} - aE_2 Z_2}{Z_{\rm BF} - aZ_2}\right)^2\right\}$$

となる.

[**4**] (1) $\displaystyle \langle n_k \rangle = \frac{1}{\Xi(T,V,\mu)}\sum_{N=0}^{\infty}\underset{\sum_k n_k = N}{{\sum_{\{n_k\}}}'} n_k \prod_k \left(z^{n_k}e^{-\beta\varepsilon_k n_k}\right)$

$\displaystyle\quad = \frac{1}{\Xi(T,V,\mu)}\sum_{N=0}^{\infty}\underset{\sum_k n_k = N}{{\sum_{\{n_k\}}}'} \frac{1}{-\beta}\left\{\frac{\partial}{\partial \varepsilon_k}\prod_k \left(z^{n_k}e^{-\beta\varepsilon_k n_k}\right)\right\}_{T,z,\{\varepsilon_j\}}$

$\displaystyle\quad = -\frac{1}{\beta}\frac{1}{\Xi}\left(\frac{\partial \Xi}{\partial \varepsilon_k}\right)_{T,z,\{\varepsilon_j\}}$

一方，大分配関数は，フェルミ-ディラック統計のとき $a = 1$，ボース-アインシュタイン統計のとき $a = -1$ として，

$$\Xi = \prod_k (1 + aze^{-\beta\varepsilon_k})^{1/a}$$

と表される．ゆえに，

$$\langle n_k \rangle = -\frac{1}{\beta}\left(\frac{\partial \ln \Xi}{\partial \varepsilon_k}\right) = \frac{1}{z^{-1}e^{\beta\varepsilon_k} + a}$$

を得る.

(2) $\langle n_k^2 \rangle = \dfrac{1}{\Xi(T,V,\mu)} \sum_{N=0}^{\infty} \sum_{\{n_k\},\sum_k n_k = N}' n_k^2 \prod_k \left(z^{n_k} e^{-\beta \varepsilon_k n_k} \right)$

$= \dfrac{1}{\Xi(T,V,\mu)} \sum_{N=0}^{\infty} \sum_{\{n_k\},\sum_k n_k = N}' \dfrac{1}{\beta^2} \left\{ \dfrac{\partial^2}{\partial \varepsilon_k^2} \prod_k \left(z^{n_k} e^{-\beta \varepsilon_k n_k} \right) \right\}_{T,z,\{\varepsilon_j\}}$

$= \dfrac{1}{\Xi} \left(\dfrac{1}{\beta^2} \dfrac{\partial^2 \Xi}{\partial \varepsilon_k^2} \right)_{T,z,\{\varepsilon_j\}}$

(3) (1), (2) から

$$\langle n_k^2 \rangle - \langle n_k \rangle^2 = \dfrac{1}{\beta^2 \Xi} \left(\dfrac{\partial^2 \Xi}{\partial \varepsilon_k^2} \right) - \left\{ -\dfrac{1}{\beta \Xi} \left(\dfrac{\partial \Xi}{\partial \varepsilon_k} \right) \right\}^2$$

$$= \dfrac{1}{\beta} \dfrac{\partial}{\partial \varepsilon_k} \left(\dfrac{1}{\beta \Xi} \dfrac{\partial \Xi}{\partial \varepsilon_k} \right) = -\dfrac{1}{\beta} \dfrac{\partial \langle n_k \rangle}{\partial \varepsilon_k}$$

となる.

(4) どの統計についても

$$\dfrac{\langle n_k^2 \rangle - \langle n_k \rangle^2}{\langle n_k \rangle^2} = -\dfrac{1}{\beta} \dfrac{1}{\langle n_k \rangle^2} \dfrac{\partial \langle n_k \rangle}{\partial \varepsilon_k} = \dfrac{1}{\beta} \dfrac{\partial}{\partial \varepsilon_k} \dfrac{1}{\langle n_k \rangle} = z^{-1} e^{\beta \varepsilon_k} = \dfrac{1}{\langle n_k \rangle} - a$$

だから,

$$\langle n_k^2 \rangle - \langle n_k \rangle^2 = \langle n_k \rangle (1 \pm \langle n_k \rangle)$$

が成立する.

[5] (1) 不純物準位の電子の全エネルギーは $E = n\varepsilon$ で与えられる. $n/2$ 個の $+$ スピンの電子と $n/2$ 個の $-$ スピンの電子を,それぞれ自由に重複を許さずに N 個の準位に割り当てる場合の数は $({}_N C_{n/2})^2$ であるから,エントロピーは

$$S = k_B \ln \left({}_N C_{n/2} \right)^2 \sim 2 k_B \left\{ N \ln N - \left(N - \dfrac{n}{2} \right) \ln \left(N - \dfrac{n}{2} \right) - \dfrac{n}{2} \ln \dfrac{n}{2} \right\}$$

で与えられる.これより,ヘルムホルツの自由エネルギー $A = E - TS$ は

$$A = n\varepsilon + N k_B T \left\{ \dfrac{2N - n}{N} \ln \left(\dfrac{2N - n}{2N} \right) + \dfrac{n}{N} \ln \left(\dfrac{n}{2N} \right) \right\}$$

で与えられる.

不純物準位の占有率 n/N は $\partial A / \partial n = \mu$ から決定されるので

$$\varepsilon + k_B T \left\{ \ln \left(\dfrac{n}{2N} \right) - \ln \left(\dfrac{2N - n}{2N} \right) \right\} = \mu$$

これより

第 5 章

$$\frac{n}{N} = \frac{2}{\exp\left(\dfrac{\varepsilon - \mu}{k_{\rm B}T}\right) + 1}$$

を得る.

(2) 不純物準位の電子の全エネルギーは $E = n\varepsilon$ で与えられる.N 個の準位のうちから n 個の準位を選び,それらが $+$ スピンまたは $-$ スピンのどちらかのスピンをもつ電子で占められる.この場合の数は ${}_N{\rm C}_n 2^n$ であるから,エントロピーは

$$S = k_{\rm B} \ln\left\{\frac{N!}{(N-n)!\,n!} 2^n\right\}$$
$$\sim k_{\rm B}\{n \ln 2 + N \ln N - (N-n)\ln(N-n) - n \ln n\}$$

で与えられる.

これより,ヘルムホルツの自由エネルギー $A = E - TS$ は

$$A = n\varepsilon + N k_{\rm B} T \left\{\frac{N-n}{N} \ln\left(\frac{N-n}{N}\right) + \frac{n}{N} \ln\left(\frac{n}{2N}\right)\right\}$$

で与えられる.したがって,$\partial A/\partial n = \mu$ から不純物準位の占有率 n/N を求めると

$$\frac{n}{N} = \frac{1}{\dfrac{1}{2}\exp\left(\dfrac{\varepsilon - \mu}{k_{\rm B}T}\right) + 1}$$

となる.

[6] (1) D_2 の回転定数を $\Theta_{\rm D} \equiv \hbar^2/2Ik_{\rm B}$ とする.D は核スピンが $s_A = 1$ のボース粒子だから,全波動関数は対称的である.オルソ D_2 の $(s_A+1)(2s_A+1) = 6$ 個のスピン状態は $J = \text{even}$ の回転状態と組になり,パラ D_2 の $s_A(2s_A+1) = 3$ 個のスピン状態は $J = \text{odd}$ の回転状態と組になる.したがって,

$$r_{\rm e} = \sum_{J=\text{even}} (2J+1) \exp\left\{-\frac{J(J+1)\Theta_{\rm D}}{T}\right\}$$
$$r_{\rm o} = \sum_{J=\text{odd}} (2J+1) \exp\left\{-\frac{J(J+1)\Theta_{\rm D}}{T}\right\}$$

を定義すると

$$j_{\text{rot-nu}}^{\text{D}_2} = 3r_{\rm o} + 6r_{\rm e}$$

である.

(2) $\dfrac{N_{\text{orth}}}{N_{\text{para}}} = \dfrac{2r_{\rm e}}{r_{\rm o}}$

(3) $r_{\text{ave}} = (1/3)r_{\rm o} + (2/3)r_{\rm e}$ とすると,ヘルムホルツの自由エネルギーは $A = -k_{\rm B}T \ln\{(9r_{\text{ave}})^N/N!\}$ で与えられるから,エネルギーは

$$E = Nk_B \Theta_D \frac{[J(J+1)]_o + 2[J(J+1)]_e}{[1]_o + 2[1]_e}$$

で与えられる．ただし，ここでは記述を簡単化するために，

$$[f(J)]_o = \sum_{J=\text{odd}} (2J+1) f(J) \exp\left\{-\frac{J(J+1)\Theta_D}{T}\right\}$$

$$[f(J)]_e = \sum_{J=\text{even}} (2J+1) f(J) \exp\left\{-\frac{J(J+1)\Theta_D}{T}\right\}$$

を定義した．したがって，比熱は

$$\frac{C_V}{Nk_B} = \left(\frac{\Theta_D}{T}\right)^2 \left\{\frac{[J^2(J+1)^2]_o + 2[J^2(J+1)^2]_e}{[1]_o + 2[1]_e}\right.$$
$$\left. - \left(\frac{[J(J+1)]_o + 2[J(J+1)]_e}{[1]_o + 2[1]_e}\right)^2\right\}$$

で与えられる．図示すると下図の破線（アニールド）になる．

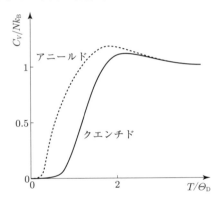

[**7**] クエンチド平均では，比熱は

$$C_V = \frac{1}{3} C_o + \frac{2}{3} C_e, \qquad C_{o/e} = Nk_B \frac{\partial}{\partial T}\left(T^2 \frac{\partial}{\partial T} \ln r_{o/e}\right)$$

で与えられる．したがって，

$$\frac{C_V}{Nk_B} = \left(\frac{\Theta_D}{T}\right)^2 \left[\frac{1}{3}\left\{\frac{[J^2(J+1)^2]_o}{[1]_o} - \left(\frac{[J(J+1)]_o}{[1]_o}\right)^2\right\}\right.$$
$$\left. + \frac{2}{3}\left\{\frac{[J^2(J+1)^2]_e}{[1]_e} - \left(\frac{[J(J+1)]_e}{[1]_e}\right)^2\right\}\right]$$

となり，これを図示すると上図の実線（クエンチド）のようになる．

第 6 章

［**1**］ (1) $T \leq T_c$ のときは，$z \simeq 1/N_0 \sim 1$ であるから $\mu \simeq 0$ となる．
(2) $T > T_c$ のときは，(6.30) の右辺の第 2 項は無視できるので

$$\left(\frac{T}{T_c}\right)^{3/2} = \left(\frac{\zeta(3/2)}{b_{3/2}(z)}\right)^{2/3}$$

である．これより，z をパラメーターとして T/T_c を求め，z を μ に変換して，μ vs T の図を描く．

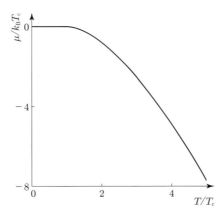

［**2**］ オイラーの関係式 $E - TS + PV = N\mu$ と $E = 3PV/2$ を用いると

$$\frac{S}{Nk_B} = \frac{E + PV}{Nk_B T} - \frac{\mu}{k_B T} = \frac{5PV}{2Nk_B T} - \frac{\mu}{k_B T}$$

と表せる．したがって，すでに示した結果から

$$\frac{S}{Nk_B} = \begin{cases} \dfrac{5\zeta(5/2)}{2\zeta(3/2)} \left(\dfrac{T}{T_c}\right)^{3/2} & (T \leq T_c \text{ のとき}) \\ \dfrac{5b_{5/2}(z)}{2b_{3/2}(z)} - \ln z & (T > T_c \text{ のとき}) \end{cases}$$

を得る．
［**3**］ 1.3×10^{-7}K

[4] 高温の極限では $\exp(\hbar\omega/k_{\rm B}T) - 1 \sim \hbar\omega/k_{\rm B}T$, 低温の極限では $\exp(\hbar\omega/k_{\rm B}T) - 1 \sim \exp(\hbar\omega/k_{\rm B}T)$ を代入して, それぞれレイリー - ジーンズの輻射式, ヴィーンの輻射式が導かれる.

[5] (1) 許される波数は,
$$\boldsymbol{k} = \frac{2\pi}{L}(n_1, n_2, n_3) \qquad (n_i = 0, \pm 1, \pm 2, \cdots)$$

である. 振動数 ν 以下の可能な状態数は
$$\Sigma(\nu) = \left(\frac{L}{2\pi}\right)^3 \frac{4\pi}{3}\left(\frac{2\pi\nu}{c}\right)^3 = \frac{4\pi}{3}\left(\frac{L\nu}{c}\right)^3$$

であるから, 2個の光の偏りを考慮して求める状態数は,
$$2\left(\frac{d\Sigma(\nu)}{d\nu}\right)d\nu = \frac{8\pi V \nu^2}{c^3}d\nu$$

で与えられる.

(2) $\displaystyle \langle n_\nu \rangle = \frac{\sum_{\{n_\nu\}} n_\nu \exp\left(-\dfrac{\sum_{\nu'} \varepsilon_{\nu'} n_{\nu'}}{k_{\rm B}T}\right)}{\sum_{\{n_\nu\}} \exp\left(-\dfrac{\sum_{\nu'} \varepsilon_{\nu'} n_{\nu'}}{k_{\rm B}T}\right)} = -k_{\rm B}T\frac{\partial}{\partial \varepsilon_\nu}\ln \Xi$

$\displaystyle = \frac{1}{\exp\left(\dfrac{\varepsilon_\nu}{k_{\rm B}T}\right) - 1}$

(3) 振動数が ν と $\nu + d\nu$ の間にある光子のエネルギーは $(8\pi V/c^3) \times [h\nu\nu^2/\{\exp(h\nu/k_{\rm B}T) - 1\}]d\nu$ で与えられるから, 光子のエネルギー密度は
$$\frac{E}{V} = \frac{8\pi}{c^3}\int_0^\infty \frac{h\nu^3}{\exp\left(\dfrac{h\nu}{k_{\rm B}T}\right) - 1}d\nu$$

で与えられる. $x \equiv h\nu/k_{\rm B}T$ と変数変換すると
$$\frac{E}{V} = \frac{8\pi}{c^3}\frac{(k_{\rm B}T)^4}{h^3}\int_0^\infty \frac{x^3}{e^x - 1}dx$$

となり, 光子のエネルギー密度は T^4 に比例することがわかる.

(4) 光子の圧力は,
$$PV = k_{\rm B}T\ln \Xi = -k_{\rm B}T\frac{8\pi V}{c^3}\int_0^\infty \nu^2 \ln\left\{1 - \exp\left(-\frac{h\nu}{k_{\rm B}T}\right)\right\}d\nu$$

で与えられるから，$x \equiv h\nu/k_B T$ と変数変換して

$$P = -\frac{8\pi(k_B T)^4}{c^3 h^3} \int_0^\infty x^2 \ln(1-e^{-x})\,dx$$

を得る．したがって，圧力は T^4 に比例する．

［6］ 壁面から漏れ出る電磁波の単位立体角当たりの密度 R を求めるには，面に垂直な軸からの偏角を θ，方位角を ϕ として，面に垂直な流れの外向き成分を積分すればよい．

$$R = \int_0^\infty d\omega \int_0^{2\pi} \int_0^{\pi/2} u(\omega)\,c\,\cos\theta\,\frac{\sin\theta\,d\phi\,d\theta}{4\pi} = \sigma T^4$$

ただし，$\sigma = \pi^2 k_B^4/60\hbar^3 c^2$ である．

［7］ 3.5.2 で得たのと同じであるから

$$C_V = 3Nk_B \left(\frac{\hbar\omega_E}{k_B T}\right)^2 \frac{\exp\left(\dfrac{\hbar\omega_E}{k_B T}\right)}{\left\{\exp\left(\dfrac{\hbar\omega_E}{k_B T}\right)-1\right\}^2}$$

となり，図 3.3 と同様の図で，縦軸を 3 倍にすればよい．

第 7 章

［1］ (1) 周期境界条件をおくと，波数の各成分は $k_i = 2n_i\pi/L$ ($n_i = 0, \pm 1, \pm 2, \cdots$) の値をとる．したがって，波数空間の $(2\pi/L)^3$ ごとに 1 つの状態があり，状態密度は縮退度 g を考慮に入れて

$$\frac{gL^3}{(2\pi)^3} = \frac{gV}{8\pi^3}$$

となる．

(2) 半径 k_F の球内の状態数が N であるから，

$$\frac{4}{3}\pi k_F^3 \frac{gV}{8\pi^3} = N$$

となり，これより

$$k_F = \left(\frac{6\pi^2 N}{gV}\right)^{1/3}$$

を得る．

(3) $p_F = \hbar k_F = \hbar \left(\dfrac{6\pi^2 N}{gV}\right)^{1/3}$, $\quad \varepsilon_F = \dfrac{p_F^2}{2m} = \dfrac{\hbar^2}{2m}\left(\dfrac{6\pi^2 N}{gV}\right)^{2/3}$

[**2**] (7.13), (7.16) から $E_0 \propto N^{5/3}V^{-2/3}$ であるから

$$E_0 = CN^{5/3}V^{-2/3} = C\left(\dfrac{2M}{m_{\text{He}}}\right)^{5/3}\left(\dfrac{4\pi}{3}R^3\right)^{-2/3} = C'M^{5/3}R^{-2}$$

と表せる (C, C' は定数). 全エネルギーは

$$E = C'\dfrac{M^{5/3}}{R^2} - \alpha\dfrac{M^2}{R}$$

と表せるので,

$$\dfrac{dE}{dR} = -2C'M^{5/3}R^{-3} + \alpha M^2 R^{-2} = 0$$

より,

$$R \propto M^{-1/3}$$

を得る.

[**3**] (1) $N = 2\pi k_F^2 A/(2\pi)^2$ より,

$$k_F = \sqrt{\dfrac{2\pi N}{A}}$$

である. また, $\varepsilon_F = \hbar^2 k_F^2/2m$ だから

$$\varepsilon_F = \dfrac{\pi \hbar^2 N}{mA}$$

である.

(2) $$E = \int_0^{k_F} \dfrac{\hbar^2 k^2}{2m} 2\pi k\, dk \dfrac{A}{(2\pi)^2} = \dfrac{\hbar^2 k_F^4 A}{8\pi m}$$

である. k_F の表式を代入して

$$E = \dfrac{\pi \hbar^2 N^2}{2mA} = \dfrac{1}{2}\varepsilon_F N$$

を得る.

(3) 0 と ε の間の状態数は

$$\Sigma(\varepsilon) = \int_0^{\sqrt{2m\varepsilon/\hbar^2}} 2\pi k\, dk \dfrac{2A}{(2\pi)^2} = \dfrac{A}{2\pi}\dfrac{2m\varepsilon}{\hbar^2}$$

で与えられる. これより状態密度は

$$D(\varepsilon) = \frac{d\Sigma(\varepsilon)}{d\varepsilon} = \frac{mA}{\pi\hbar^2}$$

となる.

(4) 化学ポテンシャル μ は

$$N = \int_0^\infty D(\varepsilon) f(\varepsilon) d\varepsilon$$

により決定されるから,

$$N = \frac{mA}{\pi\hbar^2} \left\{ \int_0^{\mu-2k_\mathrm{B}T} d\varepsilon + \int_{\mu-2k_\mathrm{B}T}^{\mu+2k_\mathrm{B}T} \left(\frac{1}{2} - \frac{\varepsilon-\mu}{4k_\mathrm{B}T} \right) d\varepsilon \right\}$$
$$= \frac{mA}{\pi\hbar^2} \mu$$

より,

$$\mu = \frac{\pi\hbar^2 N}{mA} = \varepsilon_\mathrm{F}$$

を得る.

(5) エネルギーは

$$E = \int_0^\infty \varepsilon D(\varepsilon) f(\varepsilon) d\varepsilon$$

で与えられるから,

$$E = \frac{mA}{\pi\hbar^2} \left\{ \int_0^{\mu-2k_\mathrm{B}T} \varepsilon d\varepsilon + \int_{\mu-2k_\mathrm{B}T}^{\mu+2k_\mathrm{B}T} \left(\frac{1}{2} - \frac{\varepsilon-\mu}{4k_\mathrm{B}T} \right) \varepsilon d\varepsilon \right\}$$
$$= \frac{mA}{\pi\hbar^2} \left\{ \frac{1}{2}\mu^2 + \frac{2}{3}(k_\mathrm{B}T)^2 \right\}$$

を得る. 定積比熱は

$$C_V = \frac{dE}{dT} = \frac{4mA}{3\pi\hbar^2} k_\mathrm{B}^2 T$$

となり, 温度 T に比例し, 粒子数 N に依存しない.

[4] (1) $$D(\varepsilon) = \frac{d}{d\varepsilon} \int_0^{k(\varepsilon)} \frac{gV}{8\pi^3} 4\pi k^2 dk = \frac{d}{d\varepsilon} \frac{gVk(\varepsilon)^3}{6\pi^2}$$

となる. ここで $\varepsilon = A\hbar^a k^a$ から $k(\omega) = (1/\hbar)(\varepsilon/A)^{1/a}$ と表されるから

$$D(\varepsilon) = V \frac{4\pi g}{ah^3 A^{3/a}} \varepsilon^{(3-a)/a} = Vf_a \varepsilon^{(3-a)/a}$$

と表される.

(2) $$N = \int_0^{\varepsilon_\mathrm{F}} Vf_a \varepsilon^{(3-a)/a} d\varepsilon = Vf_a \frac{a}{3} \varepsilon^{3/a}$$

より
$$\varepsilon_F \propto V^{-a/3}$$
となる.

(3)
$$E = \int_0^{\varepsilon_F} V f_a \varepsilon^{(3-a)/a} \varepsilon \, d\varepsilon = \frac{V f_a a}{3+a} \varepsilon_F^{(3+a)/a}$$
と表される.

(4) (2), (3) の結果より $E \propto V^{-a/3}$ であるから
$$P = -\frac{dE}{dV} = \frac{a}{3}\frac{E}{V}$$
と表される. よって,
$$3PV = aE$$
となる.

[5] (1) スピン磁気モーメントの向きが $+$ か $-$ かにより電子のエネルギーは,
$$\varepsilon_\pm = \frac{p^2}{2m} \mp \mu_B H$$
となる. H があるときのフェルミエネルギーを ε_H とすると, 問題 [1] を参照して, それぞれのスピンをもつ電子の数は
$$N_\pm = \frac{4\pi V}{3h^3}(2m)^{3/2}(\varepsilon_H \pm \mu_B H)^{3/2}$$
で与えられる. 全粒子数 N は, $N = N_+ + N_-$ で与えられるから,
$$N = \frac{4\pi V}{3h^3}(2m\varepsilon_H)^{3/2}\left\{\left(1+\frac{\mu_B H}{\varepsilon_H}\right)^{3/2} + \left(1-\frac{\mu_B H}{\varepsilon_H}\right)^{3/2}\right\}$$
$$= \frac{8\pi V}{3h^3}(2m\varepsilon_H)^{3/2}\left\{1+\frac{3}{8}\left(\frac{\mu_B H}{\varepsilon_H}\right)^2 + \cdots\right\}$$
が成り立つ.

$H=0$ のときの ε_F の定義を用いると,
$$\varepsilon_H \sim \varepsilon_F\left\{1+\frac{3}{8}\left(\frac{\mu_B H}{\varepsilon_F}\right)^2\right\}^{-2/3} = \varepsilon_F - \frac{\varepsilon_F}{4}\left(\frac{\mu_B H}{\varepsilon_F}\right)^2$$
となり, 題意が示される. ただし, 主要項を求めるために右辺で $\varepsilon_H = \varepsilon_F$ とおいた.

(2)
$$M = \mu_B \frac{4\pi V}{3h^3}(2m\varepsilon_H)^{3/2}\left\{\left(1+\frac{\mu_B H}{\varepsilon_H}\right)^{3/2} - \left(1-\frac{\mu_B H}{\varepsilon_H}\right)^{3/2}\right\}$$

で与えられるから，
$$M = \mu_B \frac{4\pi V}{3h^3}(2m\varepsilon_H)^{3/2}\left(\frac{3\mu_B H}{\varepsilon_H}\right) = \frac{3\mu_B^2 N}{2\varepsilon_F}H$$
を得る．これより，
$$\chi_S = \frac{3\mu_B^2 N}{2\varepsilon_F}$$
となる．

第 8 章

[**1**]　(1)　$\sigma_i\sigma_{i+1}$ は $+1$ または -1 をとり，$+1$ のときは $\exp(K\sigma_i\sigma_{i+1}) = e^K = \cosh K + \sinh K$ であり，-1 のときは $\exp(K\sigma_i\sigma_{i+1}) = e^{-K} = \cosh K - \sinh K$ であるから
$$\exp(K\sigma_i\sigma_{i+1}) = \cosh K + \sigma_i\sigma_{i+1}\sinh K$$
が成り立つ．

(2)　分配関数は $Z = \sum_{\sigma_1=\pm 1}\cdots\sum_{\sigma_N=\pm 1}\exp\left(K\sum_i\sigma_i\sigma_{i+1}\right)$ であるから，
$$Z = \sum_{\sigma_1=\pm 1}\cdots\sum_{\sigma_N=\pm 1}\prod_i(\cosh K + \sigma_i\sigma_{i+1}\sinh K)$$
と表される．積を展開したとき，すべての σ_i が 2 乗で現れる項と σ_i を全く含まない項以外は $\sum_{\sigma_i=\pm 1}$ によって消え，
$$Z = 2^N\left\{(\cosh K)^N + (\sinh K)^N\right\}$$
が導かれる．

(3)　$K \neq \infty$ すなわち $T \neq 0$ であれば $\cosh K > \sinh K$ であり，$N \gg 1$ のとき $(\cosh K)^N \gg (\sinh K)^N$ が成り立つから
$$Z = (2\cosh K)^N$$
とすることができる．自由エネルギーは
$$A = -Nk_B T\ln\left\{2\cosh\left(\frac{J}{k_B T}\right)\right\}$$
で与えられる．これよりエネルギーは

$$E = -NJ \tanh\left(\frac{J}{k_{\mathrm{B}}T}\right)$$

また，比熱は

$$C_H = \frac{NJ^2}{k_{\mathrm{B}}T^2} \operatorname{sech}^2\left(\frac{J}{k_{\mathrm{B}}T}\right)$$

で与えられる．したがって，どの温度においても異常はみられない．

[**2**] σ_i の平均が仮定した平均値 $\langle\sigma\rangle$ に等しいという平均場の条件から，

$$\langle\sigma\rangle = \frac{e^{\beta J z \langle\sigma\rangle} - e^{-\beta J z \langle\sigma\rangle}}{e^{\beta J z \langle\sigma\rangle} + 1 + e^{-\beta J z \langle\sigma\rangle}}$$

が導かれる．$x \equiv \beta J z \langle\sigma\rangle$ とおくと，この方程式は

$$\frac{1}{\beta J z} x = \frac{2\sinh x}{1 + 2\cosh x} \equiv f(x)$$

と表せる．

$f'(0) = 2/3$ であるから，$1/\beta Jz > 2/3$ すなわち $T > 2Jz/3k_{\mathrm{B}}$ のときは $\langle\sigma\rangle = 0$ のみが解であり，$1/\beta Jz < 2/3$ すなわち $T < 2Jz/3k_{\mathrm{B}}$ のときは $\langle\sigma\rangle \neq 0$ の解が存在する．よって，

$$T_{\mathrm{c}} = \frac{2Jz}{3k_{\mathrm{B}}}$$

である．

[**3**] (1) 自由エネルギーを最小にする条件から

$$\frac{\partial A}{\partial M} = a(T - T_{\mathrm{c}})M + bM^3 = 0$$

よって，$M = 0$ あるいは $M^2 = (a/b)(T_{\mathrm{c}} - T)$ を得る．$\partial^2 A/\partial M^2 = a(T - T_{\mathrm{c}}) + 3bM^2$ であり，$T > T_{\mathrm{c}}$ のときは $M = 0$ は自由エネルギーの極小点であり，$T < T_{\mathrm{c}}$ のときは，$M^2 = (a/b)(T_{\mathrm{c}} - T)$ が極小点となる．

(2) 平衡状態の自由エネルギーは

$$A(T) = \begin{cases} A_0(T) & (T > T_{\mathrm{c}} \text{ のとき}) \\ A_0(T) - \dfrac{a^2}{4b}(T - T_{\mathrm{c}})^2 & (T < T_{\mathrm{c}} \text{ のとき}) \end{cases}$$

で与えられる．

(3) エントロピーは

$$S(T) = \begin{cases} -A_0'(T) & (T > T_{\mathrm{c}} \text{ のとき}) \\ -A_0'(T) + \dfrac{a^2}{2b}(T - T_{\mathrm{c}}) & (T < T_{\mathrm{c}} \text{ のとき}) \end{cases}$$

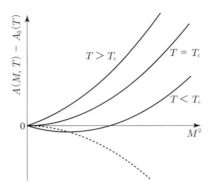

ランダウ理論で仮定された自由エネルギーを M^2 の関数として模式的に示したもの．$T < T_c$ のときは，$M \neq 0$ に極小点が現れる．破線は極小点の軌跡である．

で与えられるので，$S(T)$ は $T = T_c$ で連続であり，転移に伴う潜熱は存在しない．

(4) 比熱は，

$$C = \frac{\partial E}{\partial T} = \frac{\partial (A+TS)}{\partial T} = -T\frac{\partial^2 A}{\partial T^2}$$

から

$$C_H = \begin{cases} -TA_0''(T) & (T > T_c \text{ のとき}) \\ -TA_0''(T) + T\dfrac{a^2}{2b} & (T < T_c \text{ のとき}) \end{cases}$$

よって，比熱の転移点の上下における値には，$T_c a^2/2b$ の差が存在する．

[4] 平衡状態の M は

$$\frac{\partial A}{\partial M} = M\left\{a(T-T_0) - bM^2 + cM^4\right\} = 0$$

により決定される．したがって，$T \geq T_1 \equiv T_0 + b^2/4ac$ のときは，$M = 0$ のみが実現する．一方，$T_1 > T \geq T_0$ のときは，$A(M,T)$ を M^2 の関数とみると，極値は 3 ヶ所に現れる．また，$T_0 > T$ のときは，2 つの極値が出現する．さらに，$T_0 < T_c \equiv T_0 + 3b^2/16ac < T_1$ を満たす温度 T_c において，最小点が $M = 0$ から $M \neq 0$ の点に不連続的に移動することが確かめられる．

これらの考察から，秩序変数（の 2 乗）M^2 は図に示すような温度変化をする．

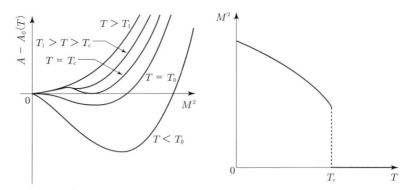

1次相転移に対するランダウ理論による秩序変数の温度依存性を示す模式図

[5] (1) $\langle \sigma_0 \rangle = \dfrac{\sum\limits_{\sigma_0,\sigma_1,\sigma_2,\sigma_3=\pm 1} \sigma_0 e^{-\beta \mathcal{H}}}{\sum\limits_{\sigma_0,\sigma_1,\sigma_2,\sigma_3=\pm 1} e^{-\beta \mathcal{H}}}$

$= \dfrac{\sum\limits_{\sigma_1,\sigma_2,\sigma_3=\pm 1} \left\{ e^{\beta(h+J)(\sigma_1+\sigma_2+\sigma_3)} - e^{\beta(h-J)(\sigma_1+\sigma_2+\sigma_3)} \right\}}{\sum\limits_{\sigma_1,\sigma_2,\sigma_3=\pm 1} \left\{ e^{\beta(h+J)(\sigma_1+\sigma_2+\sigma_3)} + e^{\beta(h-J)(\sigma_1+\sigma_2+\sigma_3)} \right\}}$

$= \dfrac{Z_+ - Z_-}{Z_+ + Z_-}$

ただし, $Z_\pm = [2\cosh\{\beta(h \pm J)\}]^3$ とする.

(2) $\langle \sigma \rangle = \dfrac{1}{3\beta(Z_+ + Z_-)} \dfrac{\partial}{\partial h} \left(\sum\limits_{\sigma_0,\sigma_1,\sigma_2,\sigma_3=\pm 1} e^{-\beta \mathcal{H}} \right)$

$= \dfrac{1}{3\beta(Z_+ + Z_-)} \dfrac{\partial}{\partial h} (Z_+ + Z_-)$

$= \dfrac{1}{3\beta(Z_+ + Z_-)} 2^3 3\beta \Big[\cosh^2\{\beta(h+J)\} \sinh\{\beta(h+J)\}$

$\qquad\qquad + \cosh^2\{\beta(h-J)\} \sinh\{\beta(h-J)\} \Big]$

$= \dfrac{1}{Z_+ + Z_-} [Z_+ \tanh\{\beta(h+J)\} + Z_- \tanh\{\beta(h-J)\}]$

(3) $\langle \sigma \rangle = \langle \sigma_0 \rangle$ より

$\qquad Z_+ [1 - \tanh\{\beta(h+J)\}] = Z_- [1 + \tanh\{\beta(h-J)\}]$

よって，上式の Z_+/Z_- と (1) の定義式の Z_+/Z_- を等しいとおいて

$$\frac{Z_+}{Z_-} = \left[\frac{\cosh\{\beta(h+J)\}}{\cosh\{\beta(h-J)\}}\right]^3 = \frac{1+\tanh\{\beta(h-J)\}}{1-\tanh\{\beta(h+J)\}} = \frac{\cosh\{\beta(h+J)\}}{\cosh\{\beta(h-J)\}} e^{2\beta h}$$

これより

$$e^{\beta h} = \frac{\cosh\{\beta(h+J)\}}{\cosh\{\beta(h-J)\}}$$

を得る．

(4) 常磁性相で $h=0$，強磁性相で $h\neq 0$ となる．よって，$h\neq 0$ となる解が出現する条件から T_c が決まる．

$$\beta h = \ln\left[\frac{\cosh\{\beta(h+J)\}}{\cosh\{\beta(h-J)\}}\right] = \ln\{1 + 2\beta h\tanh(\beta J) + \cdots\} \sim 2\beta h\tanh(\beta J)$$

$h\neq 0$ となる解があるのは，$2\tanh(\beta J) > 1$ のときであるから

$$\tanh\left(\frac{J}{k_B T_c}\right) = \frac{1}{2}$$

または

$$\frac{J}{k_B T_c} = \tanh^{-1}\frac{1}{2} = \frac{1}{2}\ln 3 \qquad \left(\tanh^{-1} x = \frac{1}{2}\ln\left(\frac{1+x}{1-x}\right) \text{に注意}\right)$$

すなわち，

$$T_c = \frac{J}{k_B \tanh^{-1}(1/2)} = \frac{2J}{k_B \ln 3}$$

である．

付　録

[**1**]　(1)　右辺の微分を実行すると

$$\text{右辺} = A - T\frac{\partial A}{\partial T} = A + TS = E$$

となる．

(2)　右辺の微分を実行すると

$$\text{右辺} = G - T\frac{\partial G}{\partial T} - P\frac{\partial G}{\partial P} = G + TS - PV = E$$

となる．

[2] (1) 孤立系では $đW = -P_0 dV = 0$, $dN = 0$ だから V, N は一定であり,E が一定なら $đQ = 0$ となる.したがって,E, V, N が一定のもとで $(dS)_{E,V,N} \geq 0$,すなわち,平衡状態では S が最大となる.

(2) V, N が一定のときは $dE = đQ$ だから,S が一定であれば $(dE)_{S,V,N} \leq 0$ となる.すなわち,平衡状態では E が最小となる.

(3) V, N が一定のときは $dE = đQ$ だから,第 2 法則は $T_0 dS \geq dE$ と表される.等温過程では $T = T_0$ は一定であり,$(dE - T dS)_{T,V,N} = [d(E - TS)]_{T,V,N} \leq 0$ となる.すなわち,平衡状態では $A = E - TS$ が最小となる.

(4) N が一定のときは,$đQ = dE + P_0 dV$ だから,第 2 法則は $T_0 dS \geq dE + P_0 dV$ と表される.等温・等圧過程では $T = T_0$, $P = P_0$ はそれぞれ一定であり,$(dE - T dS + P dV)_{T,P,N} = [d(E - TS + PV)]_{T,P,N} \leq 0$ となる.すなわち,平衡状態では $G = E - TS + PV$ が最小となる.

[3] $X = a(1-x)$ とおくと,

$$\frac{dF(a(1-x))}{dx} = \frac{dF(X)}{dX} \cdot \frac{dX}{dx} = F'(X) \cdot (-a)$$

$$\frac{d^2 F(a(1-x))}{dx^2} = \frac{d^2 F(X)}{dX^2} \cdot \left(\frac{dX}{dx}\right)^2 = F''(X) \cdot (-a)^2$$

だから

$$F(a(1-x)) \simeq F(a) - aF'(a)x + \frac{1}{2}a^2 F''(a)x^2$$

となる.

[4] (1)
$$\sum_{\sigma_{2i+1} = \pm 1} e^{K\sigma_{2i+1}(\sigma_{2i} + \sigma_{2i+2})} = Ae^{\tilde{K}\sigma_{2i}\sigma_{2i+2}}$$

とおけばよいので,

$$Ae^{\tilde{K}\sigma_{2i}\sigma_{2i+2}} = e^{K(\sigma_{2i} + \sigma_{2i+2})} + e^{-K(\sigma_{2i} + \sigma_{2i+2})}$$

が条件となる.

(2) (1)の条件式を,$(\sigma_{2i}, \sigma_{2i+2}) = (1,1), (-1,-1), (1,-1), (-1,1)$ の各場合について比較すれば

$$e^{2K} + e^{-2K} = Ae^{\tilde{K}}, \qquad 2 = Ae^{-\tilde{K}}$$

となる.

(3) $k \equiv e^{-2K}$, $\tilde{k} \equiv e^{-2\tilde{K}}$ を (2) の式に代入すれば,繰り込み変換式

$$\tilde{k} = \frac{2k}{k^2 + 1}, \qquad A = \sqrt{\frac{2(k^2+1)}{k}}$$

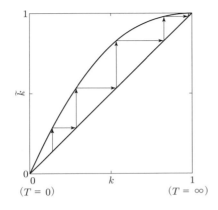

1次元イジング模型の部分和による繰り込み変換の流れ図．固定点は $k=0$ と $k=1$ のみである．

が導かれる．相互作用 k についての繰り込み変換の流れは図のようになる．

(4) $k=0$ の点以外はすべて $k=1$ に収束するから，$k=0$ および $k=1$ が変換の固定点である．$k=0$ は $T=0$ に，$k=1$ は $T=\infty$ に対応するから，1次元格子上のイジング模型 (4) は相転移を示さない．この結果は第 8 章の問題 [1] の結果と一致する．

索　引

ア
アニールド平均　83
アボガドロ定数　5
アンサンブル　13
　——理論　13
　T-P——　13, 58
　カノニカル——　13, 23
　グランドカノニカル——　13, 49
　ミクロカノニカル——　13, 16

イ
1 次相転移　114, 135
イジングスピン　117
イジング模型　117
位相空間　31, 147

ウ
ヴィーンの輻射式　101

エ
n 次相転移　114
エネルギーの保存則（熱力学第 1 法則）　2
エネルギーのゆらぎ　38, 68
エントロピー増大の法則（熱力学第 2 法則）　2

オ
オイラーの関係式　134
オイラーの公式　140
オルソ水素　82

カ
階乗　136
回転定数　82
回転比熱　80
ガウス積分　143
可換性測度　17
角運動量　152
カノニカルアンサンブル　13, 23
カロリック（熱素）　2
ガンマ関数　137

キ
奇置換　154
ギブス-デュエムの関係　33, 134
ギブスの自由エネルギー　61
ギブスのパラドックス　31
基本関係式　5
球面調和関数　81, 153
共存線　115

ク
偶置換　154
空洞輻射　96
クエンチド平均　83
クラウジウス-クラペイロンの式　136
グランドカノニカルアンサンブル　13, 49
グランドポテンシャル（$\mathcal{J}$ 関数）　52
繰り込み群の方法　160

コ
格子振動のアインシュタイン模型　102
格子振動のデバイ模型　99
高分子の折れ尺モデル　62
古典理想気体　17, 31, 55, 62, 147
古典粒子　77

サ
サッカー-テトロードの式　33

シ
$\mathcal{J}$ 関数（グランドポテンシャル）　52
示強変数　132
自己無撞着方程式　118
シャノンのエントロピー　17

索　引　207

自由粒子　151
縮退　106
シュテファン-ボルツマン定数　102
シュテファン-ボルツマンの法則　99
昇華曲線　41, 57
条件付き自由エネルギー　39
条件付き分配関数　39
状態密度　143
ショットキー型比熱　21

ス
スケーリング則　160
スケーリング理論　158
スターリングの公式　137

セ
絶対活動度　51
全微分　142

ソ
双曲線関数　141
相図　115
相転移　114
　1次――　114, 135
　2次――　114
　n次――　114

タ
体積のゆらぎ　70
代表点　147
大分配関数　51
多項定理　138

チ
秩序相　119
秩序変数　119
調和振動子　33, 55, 150

テ
T-Pアンサンブル　13, 58
T-P分配関数　60
ディラックのδ関数　144
テイラー展開　140
てこの規則　136
デバイ温度　100

ト
統計力学　1, 3
等重率　8
等比級数　139
ドップラーブロードニング　46
ド・ブロイ波長　89

ニ
2原子分子　149
二項定理　138
2次相転移　114
2準位系　18, 25

ネ
ネイピア数　137
熱素（カロリック）　2
熱力学　1, 5
　――第1法則（エネルギーの保存則）　2, 132
　――第2法則（エントロピー増大の法則）　2, 132
　――第3法則　133
　――ポテンシャル　5

ハ
配位数　118
パウリの排他原理　74
パラ水素　82
反転分布　27

ヒ
微視状態　8
ヒステリシス（履歴現象）　124

フ
フェルミエネルギー　106
フェルミ温度　105
フェルミ球　107
フェルミ-ディラック積分　156
フェルミ-ディラック統計　80
フェルミ波数　107
フェルミ分布関数　80
フェルミ面　107
フェルミ粒子（フェルミオン）　72, 73, 154
不純物準位　86
負の温度　28
普遍性（ユニバーサリティー）　128

プランク振動子　22
プランクの輻射式　98
ブリルアン関数　47
ブロックスピン　158
分配関数　26, 28
　T-P——　60
　条件付き——　39
　大——　51

ヘ

平均場近似　120
ベーテ近似　131
ヘルムホルツの自由エネルギー　29
偏導関数　142

ホ

ボース-アインシュタイン凝縮　92
ボース-アインシュタイン積分　89, 155
ボース-アインシュタイン統計　78
ボース分布関数　79
ボース粒子(ボソン)　72, 73, 154
ボルツマン因子　25
ボルツマン定数　11
　シュテファン-——　102
ボルツマンの関係式　12
ボルツマン分布　78

マ

マクスウェル分布　40
マクスウェル-ボルツマン統計　77
マクローリン展開　140

ミ

ミクロカノニカルアンサンブル　13, 16

ム

無秩序相　119

ユ

有効温度　28
ユニバーサリティー(普遍性)　128

ラ

ラングミュアの吸着公式　66
ランジュバン関数　46
ランダウ理論　129, 130

リ

理想フェルミ気体　103
理想ボース気体　87
粒子数のゆらぎ　67
履歴現象(ヒステリシス)　124
臨界現象　117
臨界指数　124
臨界点　116

ル

ルジャンドル変換　145

レ

零点振動　151
レイリー-ジーンズの輻射式　101

著者略歴

小田垣　孝（おだがき　たかし）

- 1968 年　京都大学理学部卒，1975 年　理学博士（京都大学）
- 1979 年　ニューヨーク市立大学物理学科研究員
- 1982 年　ブランダイス大学物理学科助教授
- 1989 年　京都工芸繊維大学工芸学部教授
- 1993 年　九州大学理学部教授
- 1998 年　九州大学大学院理学研究科教授
- 2000 年　九州大学大学院理学研究院教授
- 2009 年　九州大学名誉教授
- 2009 年　東京電機大学理工学部教授
- 2016 年　科学教育総合研究所（株）代表取締役

専攻は，物性理論，統計力学，不規則系の物理学．

主な著・訳書：「統計力学」，「基礎科学のための数学的手法」，「パーコレーションの科学」，「つながりの科学—パーコレーション—」（以上，裳華房），キャレン「熱力学および統計力学入門」，スタウファー－アハロニー「パーコレーションの基本原理」，アグラワール「非線形ファイバー光学」（共訳）（以上，吉岡書店），「自然をみる目を育てる　力学の初歩」，「自然をみる目を育てる　電磁気学の初歩」（以上，培風館）．

エッセンシャル　統計力学

2017 年 8 月 15 日　第 1 版 1 刷発行

検印省略

定価はカバーに表示してあります．

著作者	小田垣　孝
発行者	吉野和浩
発行所	東京都千代田区四番町 8-1 電話　03-3262-9166（代） 郵便番号　102-0081 株式会社　裳華房
印刷所	三美印刷株式会社
製本所	株式会社　松岳社

社団法人　自然科学書協会会員

JCOPY〈(社)出版者著作権管理機構 委託出版物〉

本書の無断複写は著作権法上での例外を除き禁じられています．複写される場合は，そのつど事前に，(社)出版者著作権管理機構（電話03-3513-6969，FAX03-3513-6979，e-mail:info@jcopy.or.jp）の許諾を得てください．

ISBN 978-4-7853-2255-7

© 小田垣　孝，2017　　Printed in Japan

統計力学 【裳華房フィジックスライブラリー】

香取眞理 著　Ａ５判／256頁／定価（本体3000円＋税）

　統計力学は，ミクロ（微視的）な粒子の運動を記述する物理学である力学や量子力学と，系のマクロ（巨視的）な状態を記述する熱力学をつなぐ理論である．本書では，その統計力学の独特な考え方や手法に慣れてもらうことを目指し，この分野の標準的なテーマ・題材について，なるべく言葉多く丁寧に説明した．各章末には「本章の要点」と豊富な演習問題を用意し，読者が学習した内容を整理・確認できるように配慮した．巻末の解答も丁寧に詳しく書かれている．
【主要目次】1. 統計力学の基礎（力学・熱力学・統計力学／ミクロカノニカル分布の方法／カノニカル分布の方法／グランドカノニカル分布の方法）　2. いろいろな物理系への応用（理想気体／２準位系／振動子系）　3. 量子理想気体（理想ボース気体／ボース粒子とフェルミ粒子／理想フェルミ気体）

非平衡統計力学 【裳華房テキストシリーズ‐物理学】

香取眞理 著　Ａ５判／152頁／定価（本体2200円＋税）

　力学法則から揺動散逸定理までを解説した非平衡統計力学の入門書．解説に際しては，古典力学に立脚して話を進め，量子力学は用いていない．冒頭の２章で古典力学と平衡統計力学のエッセンスをコンパクトにまとめてあり，初学者が容易に読み始めることができるように工夫されている．
【主要目次】1. 粒子系の力学モデル　2. 熱平衡状態を表す確率分布　3. 局所平衡状態と流体力学的方程式　4. ボルツマン方程式と階層性　5. 時間相関関数と確率過程　6. 揺動散逸定理

小田垣 孝先生ご執筆の書籍

統計力学

小田垣 孝 著　Ａ５判／240頁／定価（本体2600円＋税）

　初めて統計力学を学ぶ人のために，基本的概念から専門的知識までをわかりやすく体系的に解説した．インターネット上に用意されたバーチャルラボラトリー内のＣＧを利用した仮想実験が本書と連係した形で取り入れられており，それが有効と思われる本文中の箇所に【アニメ】という記号を付け，読者がより理解を深めることができるよう工夫されている．
【主要目次】1. 熱力学の要点　2. 熱力学から統計力学へ　3. アンサンブル理論とミクロカノニカルアンサンブル　4. カノニカルアンサンブル　5. グランドカノニカルアンサンブル　6. T-Pアンサンブル　7. 量子統計力学入門　8. 多原子分子気体の性質　9. 理想フェルミ気体　10. 理想ボース気体　11. 相転移　付録

パーコレーションの科学

小田垣 孝 著　Ａ５判／142頁／定価（本体3000円＋税）

【主要目次】1. パーコレーションとは　2. 1次元格子およびベーテ格子のパーコレーション　3. 一般の格子のパーコレーション　4. クラスターの解析とスケーリング理論　5. 繰込み群　6. 相互作用のある系のパーコレーション　7. 連続空間におけるパーコレーション　8. 動的パーコレーション －古典過程－　9. 動的パーコレーション －量子過程－　10. いくつかの応用例

基礎科学のための 数学的手法

小田垣 孝 著　Ａ５判／124頁／定価（本体1900円＋税）

【主要目次】1. 運動法則 －微分方程式－　2. 力とポテンシャル －偏微分－　3. 振り子の運動 －テイラー展開－　4. いろいろな振動 －２階線形常微分方程式－　5. 連成振動 －固有値と固有ベクトル－　6. 回転座標系と角運動量 －ベクトルの外積および重積分－　7. ベクトル場と発散・回転 －ベクトル解析－　8. フェルマーの原理と変分原理 －オイラー方程式－

裳華房ホームページ　http://www.shokabo.co.jp/